はじめての R

ごく初歩の操作から統計解析の導入まで

村井潤一郎 著

北大路書房

本書に掲載されている会社名・製品名は一般に各社の登録商標または商標です。

本書掲載のプログラム使用において生じたいかなる損害についても，弊社および著者は一切の責任を負いませんので，あらかじめご了承ください。

はじめに

　本書は，はじめてRに触れる人を対象に，Rのごく初歩のみについて解説する本です。統計学の入門的知識はあるもののRの使用に敷居の高さを感じている人をRにいざなうための本，という位置づけです。ですから，統計学そのものについて解説はせず，Rを使っての統計解析の最初の一歩を踏み出していただくための説明をコンパクトにまとめました。統計学の入門的知識としては，本書の目次にある項目について聞いたことがあり，少なくとも何をする手法なのか知っている，というレベルを想定しています。

　本書が想定する読者イメージについてさらに具体的に説明すると，「統計学の入門講義は受けたものの，コンピュータを用いての統計解析の経験がほぼなく，またコンピュータ言語を用いたプログラミングなどしたこともない，ただしパソコンには日常的に触れている文科系学生」となります。そうした方々が本書を読み進め，統計学で忘れてしまった内容については他書を調べながら，書かれている内容を実際にパソコンに入力することを通してRを体験していけば1週間程度で読了できるようにしています。本書の売りの1つはコンパクトさです。大部の入門書は，たとえ良いものであっても，まったくのR初学者にとってみれば敷居が高いと思います。

　Rとは，統計解析に用いられるソフトウェアなのですが，なんと言ってもその魅力は，多機能でありながら無料で使えるという点です。ソフトウェアに限ったことではないですが，「多機能を享受するには大枚をはたく必要がある」ということは世の常ですが，Rは例外です。何せ無料ですから，大学などで（高価なソフトウェアである）SASやSPSSなどで統計解析について習っても卒業後はもう使えない，という状況から脱することができるのです。Rは，卒業後も自分のパソコンで問題なく使うことができます。

　加えて，無料だから信頼できないということはありません。まったく逆です。Rは，内部でどのように計算しているのか，つまり「設計図」が公開されています（これをオープンソースと言います）。こうした特徴は，有料のソフトウェアではあり得ないことです。設計図は通常秘密です。ここで重要な点は，オープンソースだからこそ，作者は責任をもって開発している，ということです。

もちろん，有料のソフトウェアが責任をもって開発されていないということではありませんが，オープンソースのソフトウェアはその中身が透けているからこそ丁寧に作成されているということはあるでしょう。

　昨今，Rに関する書籍が数多く出版されています。その中には，初心者にとって敷居の高いものもあれば低いものもあるのですが，全体的に見ると，どうしてもまったくの初心者には難しいものが多いと思います。入門書と銘打っているものについても，です。すでにRを一定程度利用した経験のある人が「これは分かりやすい」と感じる入門書と，まったくRに触れたこともない人が感じる「分かりやすい本」との間には，結構な溝があるものです（これはすべての専門書，教科書に言えることでしょう）。後者の意味での分かりやすい本を目指して，本書は執筆されました。筆者の専門は心理学ですが，本書は心理統計ということではなく，統計学を用いる学問全般に役立つよう書いています。とは言っても，選定した統計手法など，心理学寄りである面は多少なりともあるとは思います。

　筆者はこれまで，Rに関する本として，下記の2冊を書いています。

◆山田剛史・杉澤武俊・村井潤一郎（2008）．Rによるやさしい統計学　オーム社
◆山田剛史・村井潤一郎・杉澤武俊（2015）．Rによる心理データ解析　ナカニシヤ出版

　山田・杉澤・村井（2008）は，全編分かりやすくかつ詳しい記述を行いながら，Rを使いつつ統計学の諸概念について学ぶことを目指した本なのですが，400ページに及ぶ大部であることは初学者にとって脅威になっているかもしれず，また，実際の心理学研究を遂行するためには不十分な面がありました。それを踏まえ，山田・村井・杉澤（2015）は，心理学研究を遂行するという実用的側面を意識した本になっており，実際の研究遂行で遭遇するあれこれについて詳しい説明を加えています。ですが，やはり大部であることには変わりません。上記いずれにおいても平易な記述を心がけてはいますが，どうしても難解な箇所が出てきてしまっていることは事実でしょう。それは筆者らがよかれと

思ってしていることなのですが，丁寧に詳しく説明することは，ときに初学者の脅威になることも事実だと思います。「説明過剰」ということです。

そこで，細かいことは置いておいて（これは本来好ましくないことなのですが），ひとまずRへの水路づけをするコンパクトな本の執筆が必要と考えました。拙著ばかりに言及してしまうのですが，筆者は以前，

◆村井潤一郎・柏木惠子（2008）．ウォームアップ心理統計　東京大学出版会

という本を上梓しました。この本は，心理統計をテーマにしていますが，まさに本書に通じる「水路づけ」のための本です。心理統計について，できるだけコンパクトに，導入部分だけを請け負う本，ということなのです。

それと同様の位置づけである本書ですから，本書を読んだだけでは，Rを使って実際の研究を遂行できるようにはなかなかならないと思います（ごく単純な分析のみでしたら大丈夫だと思います）。あくまで最初の一歩を踏み出すためだけの本ですので，本書を読んだ後に，上記に紹介した本や他書を参考に，さらなるスキルアップにつとめていただければと思います。

2013年6月　　村井　潤一郎

目　次

はじめに　3

1章　Rのインストール ……………………………………………… 9

2章　R Consoleにおける簡単な計算と統計解析 ………… 15

- 2-1　2章で学ぶこと　15
- 2-2　簡単な計算　15
- 2-3　簡単な統計解析　21
- 2-4　データの型　23
- 2-5　Rで困ったとき　28
- 2-6　2章で学んだこと　30

3章　データファイルの読み込み・Rエディタの利用 ………… 31

- 3-1　3章で学ぶこと　31
- 3-2　データファイルの作成　31
- 3-3　データファイルの読み込み　34
- 3-4　Rエディタの利用　42
- 3-5　3章で学んだこと　45

4章　記述統計 …………………………………………………………… 46

- 4-1　4章で学ぶこと　46
- 4-2　データファイルの作成　46
- 4-3　データの図表化　50
  - 4-3-1　ヒストグラム　50
  - 4-3-2　散布図　58
  - 4-3-3　度数分布表・棒グラフ・クロス集計表　61
- 4-4　基本統計量の算出　64
  - 4-4-1　基本統計量の算出　64
  - 4-4-2　属性別算出　66
- 4-5　相関係数の算出　70

4-5-1 共分散　71
  4-5-2 相関係数　71
  4-5-3 属性別算出　72
 4-6 欠損値のあるデータの処理　75
  4-6-1 欠損値のあるデータの作成　75
  4-6-2 欠損値のあるデータからの平均値の算出　79
  4-6-3 欠損値のあるデータからの相関係数の算出　90
 4-7 4章で学んだこと　92

5章　相関係数の検定・t検定・カイ2乗検定　93

 5-1 5章で学ぶこと　93
 5-2 相関係数の検定　93
 5-3 対応のない場合のt検定　94
 5-4 対応のある場合のt検定　96
 5-5 カイ2乗検定　98
 5-6 5章で学んだこと　99

6章　分散分析　100

 6-1 6章で学ぶこと　100
 6-2 1要因分散分析（対応なし）　100
 6-3 1要因分散分析（対応あり）　105
 6-4 1要因分散分析（対応あり）〜データの並べ替えを伴う場合　112
 6-5 2要因分散分析（2要因とも対応なし）　122
 6-6 2要因分散分析（2要因とも対応あり）　130
 6-7 2要因分散分析（2要因とも対応あり）〜データの並べ替えを伴う場合　135
 6-8 2要因分散分析（混合計画）　145
 6-9 2要因分散分析（混合計画）〜データの並べ替えを伴う場合　149
 6-10 アンバランスデザインの分散分析　153
 6-11 6章で学んだこと　158

引用文献　161
索引（事項／関数）　162
おわりに　165

1章　Rのインストール

　まずは，パソコンにRをインストールしてみましょう．本書では，パソコンのOSとしてWindows7を想定し説明していきます．RのインストールはMac OS XでもWindows7と同じようにできますが，画面など異なる点があります．以降本書で説明するプログラム[1]の書き方などはWindowsでもMacでも同様です．

> [1]：**プログラム**という用語ですが，Rの本によっては**スクリプト**あるいは**コード**という語が用いられますが，どれも同じことを指していると考えて差し支えないでしょう．本書では，最も一般的な用語と思われる「プログラム」を用いることにします．

　まず，インターネットに接続されたパソコンでWebブラウザを開き，以下のサイトにアクセスします．

http://cran.ism.ac.jp/

　ここでは統計数理研究所のサイトを取り上げていますが，日本では他に，筑波大学のサイト（http://cran.md.tsukuba.ac.jp/）からもダウンロードできますので，どちらでも構いません[2]．

> [2]：以降の説明は，WebブラウザとしてInternet Explorer9を用いた場合を想定しています．他のWebブラウザでは，表示されるメッセージなどやや異なる場合がありますが，全体的な流れは同じです．

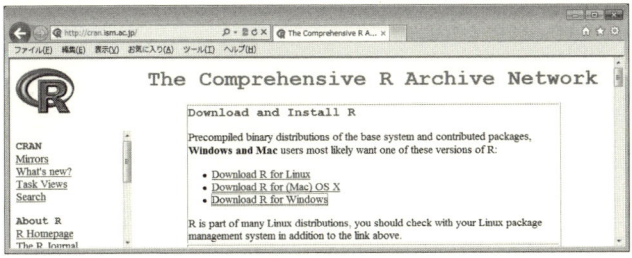

すると，上記のように「Download and Install R」とありますので，ここでは「Download R for Windows」をクリックします。「R for Windows」と上部に書かれた画面が現れますので，「base」をクリックすると，

> Download R 3.0.0 for Windows (52 megabytes, 32/64 bit)

という箇所がありますのでクリックすると，R-3.0.0-win.exeを実行または保存するか尋ねられますので，「保存」をクリックすると，ほどなくして「ダウンロードが完了しました」と表示されます★3。

　　　★3：本書ではR 3.0.0を想定した説明をしていきますが，バージョンが違っても，インストール方法もプログラムの書き方もほとんど変わりません。

　「フォルダーを開く」をクリックすると，R-3.0.0-winのアイコンが見えますので，ダブルクリックします。すると，下記のように「セキュリティの警告」ダイアログボックスが開きますので「実行」をクリックします★4。

　　　★4：「ユーザー アカウント制御」→「次の不明な……許可しますか？」というメッセージが出たら「はい」をクリックします。

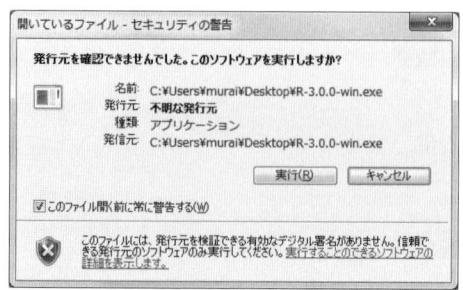

　「セットアップに使用する言語の選択」ダイアログボックスが開きますので「OK」をクリックします。

1章　Rのインストール

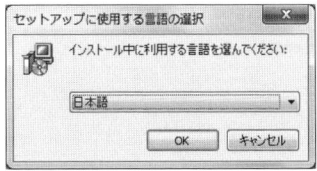

「R for Windows 3.0.0 セットアップ」ダイアログボックスが開きますので「次へ」をクリックします。

下記のダイアログボックスが開きますので，読んだ上で「次へ」をクリックします。

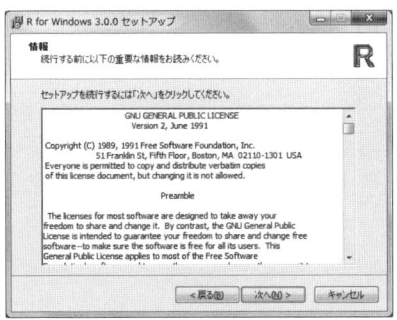

下記のダイアログボックスでは，いずれも，通常そのままで構いませんので「次へ」をクリックしていきます（「Message translations」にチェックが入っていない場合は，チェックを入れます）。

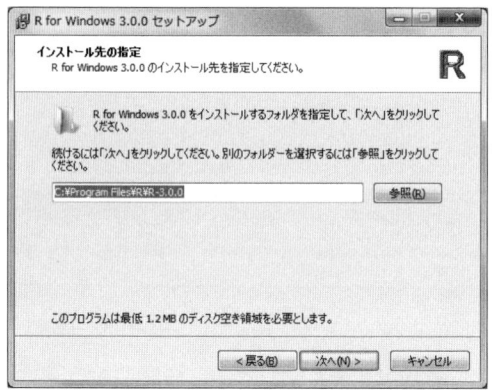

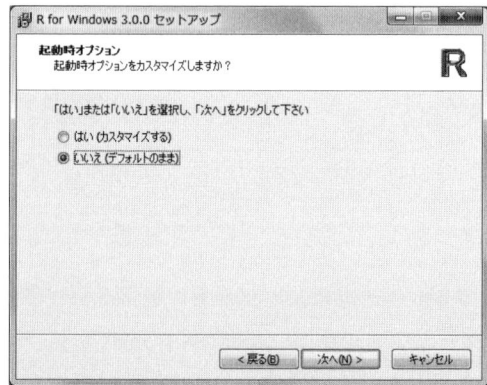

1章 Rのインストール

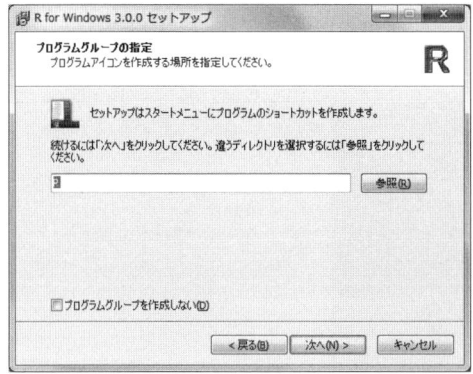

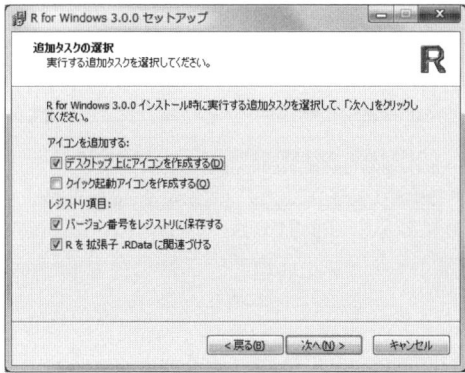

　以上のダイアログボックスで「次へ」をクリックすると，下記のようにインストールが始まります。

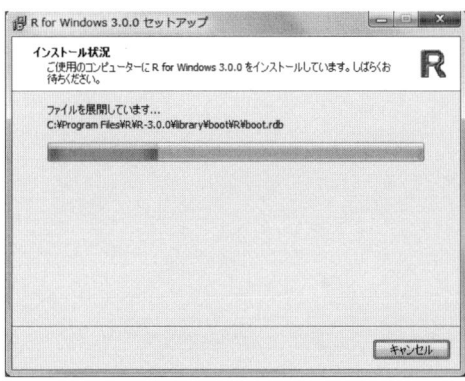

13

下記のダイアログボックスが開いたら，「完了」をクリックします．

以上でインストールは完了です．64ビット版のWindowsパソコンにインストールした場合には，デスクトップ上にRのアイコンが2つできます（下記のように「R i386 3.0.0」と「R x64 3.0.0」）．以下どちらを用いても構いませんが，64ビット版のWindowsパソコンを使用しているのであれば64ビット版のR（「R x64 3.0.0」）を用いた方がよいでしょう．32ビット版のWindowsパソコンにインストールした場合は，できあがるアイコンは1つです．

2章　R Console における簡単な計算と統計解析

2-1　2章で学ぶこと

　2章では，統計解析に入る前のウォーミングアップとして，以下のことについて，実際にRに触れながら学んでいきます。

・四則演算など，Rを電卓代わりに使ってみる。
・平均値，標準偏差などを，簡単なデータを用いて算出してみる。
・データの型について知る。
・Rで困ったときの対処法について知る。

2-2　簡単な計算

　Rがインストールできましたので，Rを用いて，電卓代わりとしての簡単な計算，加えて，ちょっとしたデータについて平均値や標準偏差などを算出するという統計解析をしてみましょう。

　デスクトップ上のRのアイコンをダブルクリックしてRを起動します。起動したRの画面を見ると，下記のようにR Consoleというウィンドウがあることが分かります。ここでいろいろと作業をしてRに慣れることにしましょう。

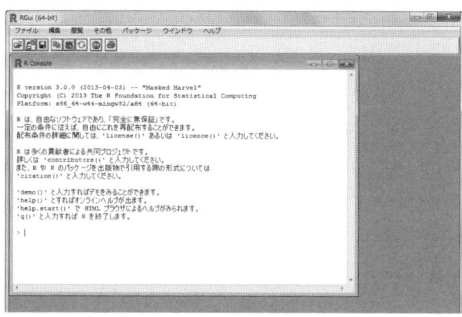

使用前に，1つやっておきたい作業があります。日本語のフォントを指定しておくのです。これをやらないと絶対だめということではないのですが，何もしないと日本語の表示がずれてしまうことがあります。Rではオブジェクト（17ページ参照）の名前などに日本語を使うことができるのですが，デフォルトの設定（インストールしたまま，ユーザーが何も設定を変更していない状態）のままで日本語を使用すると，日本語入力直後に，入れた日本語の右部分に，入れたはずのない全角スペースが入ったりしてしまうのです[★1]。

★1：例えば,「あ」と入力すると「あ 」のようになってしまう,といったように。

まず「編集」をクリックしてください。その中から「GUIプリファレンス」を選ぶと，次の左図のように「Rgui設定エディター」が出るので,「Font」から「MS Mincho」「Ms Gothic」など日本語のフォントを選んで「OK」をクリックしてください（右図）。

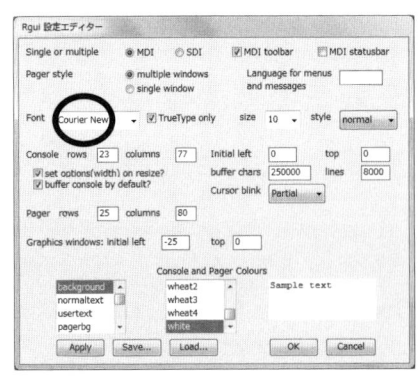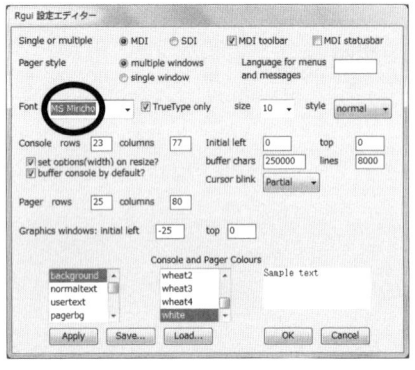

この設定はRを終了すると元に戻ってしまいます。設定を保存したい場合は,「Rgui設定エディター」で「Save」をクリックすると「ファイル'Rconsole'用のディレクトリを選択」ダイアログボックスが開くので，そのまま「保存」をクリック，その後「Rgui設定エディター」に戻るので,「OK」をクリックしてください。そうすると，変更したフォントの設定などが保存されたファイルが「ドキュメント」(「マイドキュメント」あるいは「documents」)の中に「Rconsole」というファイルとしてできあがります。このファイルを削除すれば，次回起動

2章　R Consoleにおける簡単な計算と統計解析

時，Rはデフォルトの設定に戻ります。

　R Consoleの赤い「>」のことを，**プロンプト**と言います。プロンプト（prompt）は「促す」の意味，つまりユーザーに入力を促しているのですが，「>」の後に**コマンド**（コンピュータに対する命令）などを入れていきます。手始めに，ここに何か簡単な計算式を入れてみることにしましょう。例えば「1+1」と入力しEnterを押すと，

```
> 1+1
[1] 2
```

と表示されます。冒頭の［1］というのは，R Console上で入力に対する出力として表示される結果の中の1番目ということを意味します。［1］でない例を挙げれば理解できるのですが，この点については，すぐ後であらためて述べます。

　ここで，この「2」という結果を，言わば「収納する箱」の中にしまい込むことができます。例えば，

```
> 一番目の箱<-1+1
```

と入力してみましょう[2]。

> ★2：上記では「一番目の箱 <- 1+1」のように，「<-」の前後に半角スペースを入れても構いませんが，この点についてはまた後で触れます。

　上記を実行すると，何も答えは返ってきません。それは，「一番目の箱」という名前の「箱」の中に，計算結果，つまり「2」という値が流し込まれているからです。「<-」は左向きの矢印（←）を意味しますが（不等号とハイフンの組み合わせです），「1+1」という式を左側の「一番目の箱」に格納しているのです。右辺の内容が左辺に代入されるというイメージです。このように，代入先の「箱」のことを**オブジェクト**と言います[3]。

> ★3：本によっては，このオブジェクトのことを**変数**としている場合もありますが，本書で

は，「変数」といった場合は，データファイルの中にある個々の変数（性別，身長といったように）を指すことにします。実際には，オブジェクトという概念は，変数も関数もすべて含みますが，本書では，分かりやすさのために，オブジェクトと変数という語を使い分けます。

オブジェクトの中身はどのようにしたら見ることができるのでしょうか。そのままオブジェクト名を入力し，Enterを押せばよいです。やってみましょう。

```
> 一番目の箱
[1] 2
```

と中身を見ることができました。このように，その場では結果を見ずに，いったんオブジェクトに流し込んでおいて，あとでその中身を見る，ということがしばしば行われます。その場で結果をすぐ見たい場合には，下記のように括弧で囲いEnterを押します。

```
> (一番目の箱<-1+1)
[1] 2
```

ここでオブジェクト名について注意があります。Rでは，「一番目の箱」のように日本語のオブジェクト名が使えます。ただし，日本語を入力し終わったらすぐに全角から半角に切り替えてください。知らないうちに全角スペースがどこかに入ってしまっていたり，どこかに全角括弧が入ってしまったりすると，エラーになってしまいます。このように，日本語関係のエラーは非常にしばしば起こります。ですから，日本語は一切用いないというのも手です。例えば，

```
> ichibanmenohako<-1+1
```

のようにすればよいのです。ただ，このように表記すると，本書の説明上では，どこがR固有の文字列で，どこがユーザーが指定する文字列なのかが分かりにくくなってしまいます。例えば，後にmean( )というRの関数を紹介しますが，身長のデータについて平均値を算出する場合，「mean(身長)」と書く方

が,「mean(height)」と書くよりも分かりやすいと思います。「mean( )」がR固有の文字列,「身長」あるいは「height」がユーザーが指定する文字列ですが,「mean(height)」と表記すると,一貫して英字の並びになってしまうので,どこがR固有の文字列か分かりにくいということです。ですので,本書では,慣れるまでは（具体的には5章までは）オブジェクト名としてできるだけ日本語を用いることにします。しかし,実際には,日本語は一切用いない方が,全角・半角の切り替えミスによるエラーが生じないというメリットがあります。

さらにもう1つ,オブジェクト名についての注意があります。半角数字で始まるオブジェクト名はだめです。

```
> 1番目の箱<-1+1
 エラー:    予想外の  シンボル  です  ( "1番目の箱" の)
```

と出てしまいます。ですが「1」を全角「１」にすれば大丈夫です。つまり,

```
> １番目の箱<-1+1
```

です。他にも,オブジェクト名にはナカグロ（「・」）が使えないとか,大文字と小文字は区別される（例:hakoとHAKOは異なる）といった注意点もあります。

以上すべて入力した場合,（最近作成したオブジェクトから遡って書くと）"１番目の箱" "ichibanmenohako" "一番目の箱"の3つができているはずです（中身はすべて「2」です）。この点について確認してみましょう。ls( )[★4]と入力しEnterを押すと,

> ★4:「エルエス」です。「いちエス」ではありません。lsはlistを意味します。

```
> ls()
[1] "１番目の箱"       "ichibanmenohako"
[3] "一番目の箱"
```

のように,これまで作成したオブジェクトがリストアップされます。［3］は先

ほど述べたように，3番目の値という意味です。R Consoleのウィンドウの大きさによっては，1行で3つすべて

```
> ls()
[1] "1番目の箱"        "ichibanmenohako" "一番目の箱"
```

と出力されることもあります。
　次に，引き算，かけ算，割り算をしてみましょう。

```
> 5-3
[1] 2
> 4*5
[1] 20
> 9/6
[1] 1.5
```

となります。かけ算は,「×」ではなく「*」(アスタリスク),割り算は「/」(スラッシュ) です。
　累乗の計算は「^」(ハット) を使って,

```
> 4^2
[1] 16
> 4^3
[1] 64
> 4^(1/2)
[1] 2
```

とします。順に4の2乗，4の3乗，4の2分の1乗（つまり4の平方根）です。
　平方根は,

```
> sqrt(9)
[1] 3
```

となります。9の正の平方根（square root）です。このsqrt( )といったものを
関数と言います。本書では以降いろいろな関数が出てきますが，実行したい統
計解析に応じてユーザーが関数を選択していきます[★5]。

> [★5]：Rでは関数自体を自分で作成できるのですが，本書では扱いません。青木（2009）など
> を参照してください。

2-3 簡単な統計解析

以上より，Rを電卓代わりに使うことができるようになりました。次に，簡
単なデータについて，平均値・標準偏差を計算してみましょう。

身長のデータ，「160, 167, 169, 181, 173」，があったとします（5人分）。まず，
このデータを「身長」というオブジェクトに格納してみましょう。

```
> 身長<-c(160,167,169,181,173)
```

でできます。右から左へという方向性でしたね。「身長」とオブジェクト名を
入力したら，すぐに半角に切り替えることを忘れないでください。ここでc( )
が出てきましたが，5人の値をまとめる（combine）ための関数です。

上記の場合，「<-」の前後にスペースがあった方が見やすいので，

```
> 身長 <- c(160,167,169,181,173)
```

と「<-」の前後にスペースを入れて表記する場合もありますが，それでも問
題ありません。本書では一貫して詰めて書きますが，見にくい場合には，適宜
スペースを空けてください。その際，全角スペースの不注意な挿入には気をつ
けてください[★6]。

> [★6]：Rでプログラムを書いていて，スペースを入れてもよいか迷う場合もあると思いますが，
> 迷ったらスペースは入れない方がよいでしょう。

オブジェクト「身長」の中身を見てみます。オブジェクト名を入力して

Enterを押すのでしたね。

```
> 身長
[1] 160 167 169 181 173
```

と，入力した通りになっています。このデータについて平均値を出すわけですが，平均値の算出にはmean( )という関数を使います。

```
> mean(身長)
[1] 170
```

と出力されます。しつこいようですが，「身長」と全角で入力した後，もし半角に切り替えることを忘れたとしたらどうなるでしょうか。

```
> mean(身長）
```

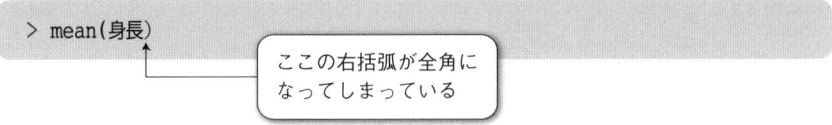
ここの右括弧が全角になってしまっている

と何も出てきません（紙の上では判別困難ですが，最後の括弧が全角になっています）。このように，Rでは，明確に「エラー」と出る場合もあれば，「無言」の場合もあります。なお，上記は「無言」で失敗しているケースですが，通常は「エラー」と出ずに「無言」の場合が「成功」です。例えば，先に「身長<-c(160, 167, 169, 181, 173)」と入力しEnterを押した場合，Rは「無言」でしたよね。このように，何もエラーメッセージが表示されず，「無言」の場合がうまくいっているということなのですが，「無言」で失敗している場合もあるということです。ともかく，日本語は使用が済んだらすぐに半角に切り替えるということを覚えておいてください。

次に，標準偏差は，sd( )を用いてsd(身長)と入力するのですが，ここでワンポイントです。sd(身長)と入力するためには，先に入力した「mean(身長)」を少し修正すればよいだけですよね。Rでは，入力したコマンドの履歴が残っています。キーボードの矢印のキー（↑）を叩いていくと，これまで入力したコ

マンドが次々に出てきます（↑を押したり↓を押したりして，目当てのものを探していきます）。この場合，↑を1回押して1つ前に戻ってmeanの文字をsdに修正してEnterを押すと多少楽です。もっとも，この程度であれば，履歴を用いず最初から入力してもたいした手間ではないのですが，実際には，履歴を利用することで入力が楽になることも多いです。ほぼ同じ統計解析を一部分のみ変えて実行し直すなど，履歴を用いた方が便利なケースがあるのです。

さて，「身長」の標準偏差ですが，

```
> sd(身長)
[1] 7.745967
```

と出力されます。この標準偏差は不偏分散の正の平方根です。

2-4 データの型

以上より，簡単な計算と基本統計量の算出を，R Console上で実行することができるようになりました。しかし，扱うデータはこれまでのような数値のみではありません。「性別」や「所属大学」など，文字もあるでしょう。データにはさまざまなタイプ（型）があるのです。

簡単な例として，身長（数値）と性別（m, fという文字）のデータを，以下のように作成しようとした人がいたとしましょう。文字の入力の際は，" "（ダブルクォーテーション）で囲むという決まりがあります。" "は半角です。

```
> 身長と性別<-c(170,"m",160,"f")
```

ここで「身長と性別」の中身を見ると，

```
> 身長と性別
[1] "170" "m"   "160" "f"
```

と，身長も""で囲まれていることが分かります。データの中にある「身長」という「数値」が，強制的に「文字」という型に変換されているのです。もちろん，この「身長と性別」について「mean(身長と性別)」を実行してもできません。以上のように，1つのオブジェクトには通常1つの型のみ対応しています。以下では，数値，文字，といった**データの型**について説明していきたいと思います[7]。

> [7]：先回りして説明すると，数値と文字のように異なるデータの型をまとめて扱うことのできるのがデータフレームと呼ばれるものです（49ページ参照）。

まず，5人の性別のみのデータを，下記のように作成してみましょう。文字の入力の際は，""（ダブルクォーテーション）で囲みます。

```
> 文字型の例<-c("f","f","m","m","f")
```

「文字型の例」の中身を見てみましょう。

```
> 文字型の例
[1] "f" "f" "m" "m" "f"
```

となりますが，これが**文字型**です。データの型を確かめるにはclass( )を使います。

```
> class(文字型の例)
[1] "character"
```

となります。character，すなわち文字型ということです。

これまで扱ってきた**数値型**についても確認してみましょう。21ページで作成したデータ「身長」にclass( )を適用してみると，

```
> class(身長)
[1] "numeric"
```

となります。numeric，すなわち数値型ということです。

　もう1つ，**要因型**（**因子型**，あるいは**ファクター型**と呼ばれることもあります）についても紹介しておきましょう。下記のようにfactor( )を用いて，文字型から要因型に変換してみます。

```
> 要因型の例<-factor(c("f","f","m","m","f"))
```

として，中身を見ると，

```
> 要因型の例
[1] f f m m f
Levels: f m
```

となります。文字型の場合とは表示が異なることが分かると思います。class( )を用いると，

```
> class(要因型の例)
[1] "factor"
```

となりますが，factor，すなわち要因型ということです。一見，文字型のようですが違います。先ほどの結果（オブジェクト「文字型の例」）と比べてみてください。" "で囲まれていないこと，「Levels: f m」と書かれていることが分かります。要因型は，文字のようですが実は数値です。数値が対応づけられた文字，という言い方の方が分かりやすいかもしれません。参考までに，str( )を用いてオブジェクトの構造を確認してみると（strはstructureを意味します），

```
> str(要因型の例)
 Factor w/ 2 levels "f","m": 1 1 2 2 1
```

となりますが，これは，「f f m m f」にそれぞれ「1 1 2 2 1」という数値が対応づけられていることを意味します（出力に「Factor」とあり，要因型である

ことが確認できます）。一方，文字型の方は，

```
> str(文字型の例)
 chr [1:5] "f" "f" "m" "m" "f"
```

となり，数値が対応づいていません（出力に「chr」とあり，文字型であることが確認できます）。一応，「身長」についても確認すると，

```
> str(身長)
 num [1:5] 160 167 169 181 173
```

となります（出力に「num」とあり，数値型であることが確認できます）。
　以上，オブジェクトの構造を確認しましたが，25ページでは，factor( )を用いて文字型から要因型に変換する例を示しました。数値型から要因型への変換も，factor( )を用いることで同じようにできます。「身長」を例に挙げると，

```
> 身長要因型<-factor(身長)
```

を実行し，確認してみると，

```
> 身長要因型
[1] 160 167 169 181 173
Levels: 160 167 169 173 181
> class(身長要因型)
[1] "factor"
> str(身長要因型)
 Factor w/ 5 levels "160","167","169",..: 1 2 3 5 4
```

ということで，数値型から要因型へ変換されたことが確認できます。
　他にもデータの型はありますが，ひとまず上記の3つ「数値型」「文字型」「要因型」について下表にまとめておきました。こうしたデータの型について意識しておくことは必要です。例えば，研究参加者の通し番号を1, 2, 3…と入力し

た場合，それは数値型として処理されては（つまり平均値などが算出可能であるとして扱われては）困ります。通し番号の平均値など意味をなさないものです。男性に0，女性に1と入力した場合なども同じです。これらの場合は，数値ではなくカテゴリーとして処理させる必要があるので，数値であっても要因型に変換する必要が出てきます★8。

★8：この点については，6章の分散分析で説明します。

データの型	読み込み時のデータ例	データの中身を見たときの表示例
文字型	"f","f","m","m","f"	[1] "f" "f" "m" "m" "f"
数値型	160,167,169,181,173	[1] 160 167 169 181 173
要因型	"f","f","m","m","f"	[1] f f m m f Levels: f m

ここでいったんRを終了させてみましょう。終了するには，ウィンドウ右上の×印をクリックします。あるいは，R Consoleでq( )と入力しEnterを押しても同様です。すると，「作業スペースを保存しますか？」と表示されるのですが，原則として「いいえ（N）」を選択して終了した方がよいでしょう。保存したものが，（意図していないのに）次回のR起動時に自動的に読み込まれるからです。仮にこの時点で保存しないでも，後に説明するように，自分が入力したプログラムをファイルとして保存しておけば，まったく同じ処理をあとで実行できるので，安心して「いいえ（N）」を選択して終了してください。なお，もしR終了時に「はい（Y）」を選択し保存すると，次回R起動時に［以前にセーブされたワークスペースを復帰します］と表示され，作成したオブジェクトが自動的に読み込まれてしまいます。この場合は，いったんRを終了させ（「作業スペースを保存しますか？」で「いいえ（N）」を選択し終了），Rの作業ディレクトリ（34ページ参照）にある「R Workspace」（.RData）と「RHISTORYファイル」（.Rhistory）の両方を削除してから，あらためてRを起動するとよいでしょう。前者のファイルには，作成したオブジェクトが，後者のファイルには入力履歴が入っています。

2-5 Rで困ったとき

Rで作業をしていて，分からないことが出てくることはたびたびあります。その場合，調べることになるわけですが，大きく分けて3つの調べ方があるでしょう。

第1に，**ヘルプ**を見るということがあります。例えば，mean( )の使い方が分からず，ヘルプを見たいと思った場合には，R Consoleにて，

```
> ?mean
```

と入力し，Enterを押してください。関数の前に?をつけてEnterを押すということです。

```
> help(mean)
```

としても大丈夫です。すると，ブラウザが立ち上がり説明書きが出てきます。

そもそも関数の名前自体が分からないときはどうすればよいでしょうか。その場合は，キーワードの前に??を入れEnterを押します。例えば，相関（correlation）について調べたいときは，

```
> ??correlation
```

と入力し，Enterを押してください。先ほどと違い，キーワード前に？を2つつけます。すると，相関に関係するヘルプの一覧が出てきます。

```
> help.search("correlation")
```

としても大丈夫です[★9]。

★9：以上の方法は基本なのですが，英語による説明書きですので，英語が苦手な人にとっては，結局解決できない，ということになるかもしれません。その場合，以下の方法をお勧めします。

第2に，インターネットで検索するという方法があります。RjpWiki（http://www.okada.jp.org/RWiki/?RjpWiki）はよく知られたサイトで，さまざまな有用な情報が記載されています（日本語です）。その他，Rについての解説のサイトは本当にたくさんあります。難易度もさまざまですので，検索し，お気に入りのサイトを見つけるとよいでしょう。書籍さながらの（書籍以上の）充実した解説ファイルをアップしているサイトも多くあります。
　第3に，書籍で調べるという方法があります。R関係の日本語書籍は増加の一途をたどっており，入門書から専門的な内容まで充実しています。
　大きく分けると以上3つになると思います。その他，身近にいる詳しい人に直接聞く，ということもあります。ごく初歩の段階では，本当に些細なことで躓いていることも多いので，人に聞くとたちどころに解決ということもあります。本書は，そうしたごく初歩における疑問にも対応する説明をある程度しているつもりです。
　上記3つの中でのお勧めはインターネットの使用です。もちろん，インターネットですから，すべてがすべて正しい情報ではないことには留意する必要がありますが，自分で実際にRを用いて検証しさえすれば，有用な情報源です。Rの解説のための専用サイトでなくても，ブログなどを使ってインターネット上でRについて書いている人はたくさんいますので，困ったらとにかくサーチエンジンを使って検索すると，必要な情報にヒットし，切り抜けられることがしばしばあります。「こうするにはどうしたらよいのだろう？」と思ったとき，インターネットで調べてみると，世界の誰かが同じ疑問を持っているもので，その方法について書いているものです。書いてあることがよく理解できない場合でも，それを参考にとりあえずRで自分なりにプログラムを書いてみて実行し，仮にうまく動かなくても，「では，こう書いたらどうだろう？」とプログラムを書き換えて実行し，というように，Rと対話しながら解析を進めていくとよいでしょう。「このプログラムの書き方でどうですか？」とRに問いかけ，Rから「それではだめです」と言われ，「それではこれでは？」と問いかけ，という対話ですが，あれこれ「実験」しつつ最終的にうまくいったときは，うれしいものです。しかしながら，そうしたことに喜びを見いだすには，ある程度Rを知っていることが前提になります。本書は，Rの初学者をその段

階にまでいざなうためのものです。

2-6　2章で学んだこと

2章では，主に以下のことを学びました。

- ・Rの電卓代わりの使用。
- →R Consoleの「>」の後に計算式を入れる方法について述べました。

- ・平均値，標準偏差の算出。
- →c()でデータをオブジェクトに格納し，それに対して，mean()，sd()，という関数を適用することについて述べました。

- ・データの型。
- →文字型，数値型，要因型，を紹介，そして，class()，str()を用いたデータの型の確認方法について述べました。

- ・Rで困ったときの対処法。
- →ヘルプを見る方法（?あるいは??を用いる），インターネットで検索する方法，書籍で調べる方法，について述べました。

以上2章は，あくまでRに慣れることを主目的としたものでしたが，次の3章では，さらに進めて，実際の統計解析を視野に入れたRの使用方法について説明していきます。

3章 データファイルの読み込み・Rエディタの利用

3-1 3章で学ぶこと

3章では，統計解析そのものというよりも，Rによる統計解析のベースとなる点について学んでいきます。主として以下のことを述べます。

- データファイル（CSV形式）を作成する。
- データファイルを読み込む。
- Rエディタでプログラムを書く。

3-2 データファイルの作成

前章では，R Consoleにて簡単な計算と統計解析を行ったのですが，実際の統計解析では，Excelなどで作成した外部データファイルをRで読み込んで分析する，ということが行われます。そのためには，Excelで入力したデータファイルをパソコン上のどこかに保存し，それをRで読み込む，という作業が必要になります。

また前章では，R Console上でコマンドを入力し，その場で出力を入手し，というように，Rと対話的作業をしましたが，実際の統計解析では，ある程度の長さのプログラムをあらかじめ書いておき，それをまとめて実行する，といったことをしばしば行います。そのためには，Rエディタを使うと便利です。RエディタとはRのプログラムを書くためのテキストエディタで，プログラムの編集，つまり入力，削除，コピー，ペーストといったことができます。

本章では，以上2点について説明していきます。つまり，データファイルの扱い方（具体的にはCSV形式のファイルの作成の仕方，読み込み方），次に，Rエディタを利用したプログラムの書き方，実行の仕方，プログラムの保存の仕方などです。

まずRを起動してみましょう。起動時，念のため，R Consoleにて次のように入力しEnterを押します。

```
> rm(list=ls())
```

この意味は，すべてのオブジェクトを削除する，ということです[1]。先のR終了時，「作業スペースを保存しますか？」に対して「いいえ（N）」を選択して終了させたのでこの操作をしなくても特に問題はありませんが，念のため，すべてのオブジェクトの削除を明示的に行い，「まっさら」な状態で出発する，ということです。

> [1]：メニューバーの「その他」をクリックし，その中にある「全てのオブジェクトの消去」をクリックしてもよいです。

次に，データの作成の説明をしましょう。前章のようにc( )を使う方法もデータの入力ですが，サンプルサイズが大きく変数の数が多いデータをc( )を用いて入力することは一般的ではありません。以下本書では，広く使用されているExcel[2]を使って**CSVファイル**[3]を作成し，それを読み込むことにします。

> [2]：本書では，Microsoft Excel 2010を想定します。
> [3]：CSVファイルとは，Comma Separated Values，つまりカンマでデータの値が区切られた形式のファイルです。

Rでは，Excelで作成したExcelファイルのままでも読み込むことはできるのですが，CSVファイルは，Excelファイルについている書式設定などの情報がない分軽く，シンプルで汎用性が高いので，よく使用されます。CSVファイルの中身ですが，例えば，

```
no, sex, testA, testB
1, f, 56, 51
2, f, 67, 45
3, m, 43, 72
……
```

のように，データの値と値の間が，カンマで区切られています。

3章 データファイルの読み込み・Rエディタの利用

　CSVファイルの作成法として手軽なものは，Excelを利用する方法です。まずExcelで下記のように入力してみましょう。一番上の行にある変数名も入力してください。CSVファイルの中身は，下記のように日本語を用いない方がエラーは出にくいです（全角が入ることによってエラーが出ることがあります）[4]。

> ★4：本書では以降，2章で述べた通り，分かりやすさのために日本語を用いることが多いですが，実際には，終始一貫して半角英数字のみを使用する方が無用なエラーを防げます。

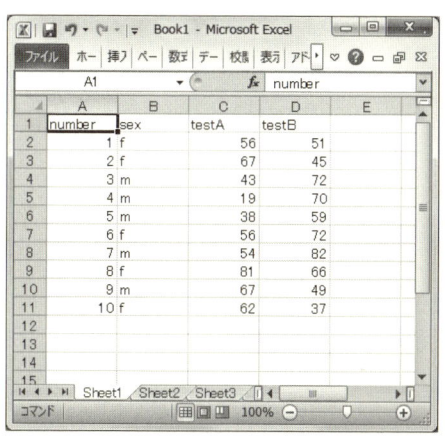

　その後，「ファイル」「名前を付けて保存」とクリックし，ファイル名に「renshu」と入れ，「ファイルの種類」を「CSV（カンマ区切り）」に変更し[5]，ここでは保存先を「ドキュメント」にして，「保存」「OK」「はい」とクリックしていき，Excelを終了させます。終了時「'renshu.csv'への変更を保存しますか？」と尋ねられますが，「保存しない」で構いません（すでに保存されているので）。これで「ドキュメント」内に，renshu.csvというファイルができました。以上の流れは，Excelのバージョンによって変わってくる場合がありますが，基本的な流れは同様です[6]。

> ★5：通常は「Excelブック」になっているので，それを変更するということです。拡張子の.csvは入力しなくても構いません。「renshu」とだけ入れます。

> ★6：非常に細かいことなのですが，上記の例で，左上の「number」とあるセル（A1セル）に「ID」という変数名を用いない方がよいです。Excelで，このセルに大文字で「ID」と入力すると，SYLKファイルという特別な形式で保存されてしまいます。小文字で「id」と入力する分には問題ありません。

Excelを利用できない場合でも，Windowsに標準で入っている「メモ帳」を使ってもCSVファイルは作成可能です。メモ帳を起動して，

```
number, sex, testA, testB
1, f, 56, 51
2, f, 67, 45
3, m, 43, 72
……
```

と入力していき，「ファイル」「名前を付けて保存」とクリックし，ファイル名のところにすでに入っている「*.txt」を削除した上で「renshu.csv」と入れます。今度は拡張子.csvを省略しないでください。「ファイルの種類」は「テキスト文書」として，保存先は適宜指定します。

3-3　データファイルの読み込み

　Rの学習の初歩段階では「データが読み込めない」ということがしばしば発生します。ここで確認しておきたいことがあります。Rでの作業は，常に「ある場所」で行っています。現在の作業場，これを**作業ディレクトリ**（working directory）と言います[7]。

　★7：作業フォルダー，あるいは**ワークスペース**と言っても同じことを指しています。

　これを確認してみましょう。getwd( )は「get working directory」ということで，今作業をしている場所を表示してくれる関数です。実際にやってみると，

```
> getwd()
[1] "C:/Users/murai/Documents"
```

と表示されます（実際に使用するパソコンによって，この部分の表示は異なります）。今はCドライブの下のUsersの下のmuraiの下のDocuments(つまり，「ドキュメント」あるいは「マイドキュメント」）にいるということです。「/」は

ディレクトリとディレクトリの区切りを示すもので，場合によっては「¥」や「¥¥」で示されることもありますが，R上では「/」で指定します。ここでは，C:/Users/ユーザー名/Documentsという表示になっています。このように，ディレクトリやファイルの「ありか」を「上」から順にたどっていって表示したものを**パス**と言います[8]。

> [8]: パスはR固有の用語ではなくコンピューター一般の用語です。passではなくてpathです。つまり，ディレクトリやファイルの「道筋」(path) を示したものということです。

この状態でデータファイルを読み込んでみます。読み込みの方法として，以下の3つのケースを考えます。

ケース1：作業ディレクトリにデータファイルを置き，読み込む方法
ケース2：作業ディレクトリでない場所にデータファイルがあるので，作業ディレクトリをデータファイルのある場所に変更した上で，読み込む方法
ケース3：作業ディレクトリでない場所にデータファイルがあるが，作業ディレクトリを変更せず，データファイルのある場所を指定して読み込む方法

以下具体例をもとに図で説明していきましょう。図で四角はディレクトリ，楕円がデータファイルを意味します。

まずケース1です。作業ディレクトリ（C:/Users/murai/Documents）の中にrenshu.csvがあり，それを読み込む場合です。

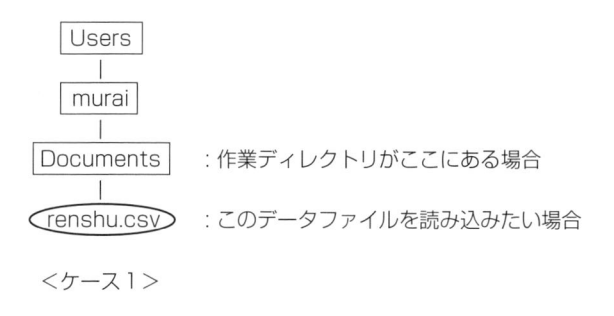

```
    Users
      |
    murai
      |
  Documents    ：作業ディレクトリがここにある場合
      |
  renshu.csv   ：このデータファイルを読み込みたい場合
```

<ケース1>

この場合は，特にファイルの場所を指定しなくても大丈夫です。つまり，

> テストデータ<-read.csv("renshu.csv")

とします。read.csv( )はCSVファイルを読み込む関数です。renshu.csvというデータファイルを読み込み，それを「テストデータ」という名前のオブジェクトに保存しています。このようにread.csv( )を使ってできた「テストデータ」といったオブジェクトは，データフレーム（49ページ参照）と呼ばれるオブジェクトになります。データフレームを用いることで，数値や文字など異なる型の変数を1つの入れ物に混在させることができます。

もしここでこのデータフレームの中身を表示させたかったら，プロンプトに対して「テストデータ」と入力し，Enterを押せばよいです（確認の意味で，読み込んだ直後にやってみた方がよいでしょう）。なお，この場合，

> テストデータ<-read.csv("./renshu.csv")

と書いても読み込めます。この「.」は，「今いるディレクトリ」を意味する一般的な記号ですが，この場合，Rがデフォルトでデータファイルを読み込もうとするディレクトリ（作業ディレクトリ）を意味します。ここでは，「作業ディレクトリにあるrenshu.csvです」ということを明示的に指定しているのですが，この場合「./」はなくても大丈夫です。つまり，読み込みたいデータファイルを作業ディレクトリに置いた場合，単に「データフレーム名<-read.csv("ファイル名")」とするだけでよいということです。

次にケース2です。Documentsの下の，自分で作成した「Shukudai」というディレクトリに読み込みたいデータファイルがあるので，そこまで移動して（つまり作業ディレクトリを変更した上で）データファイルを読み込む場合です。

3章 データファイルの読み込み・Rエディタの利用

```
    Users
     │
    murai
     │
  Documents  ：作業ディレクトリがここにある場合
     │          ↓
  Shukudai   ：作業ディレクトリをここに変更する
     │
 (renshu.csv)：このデータファイルを読み込みたい場合
```

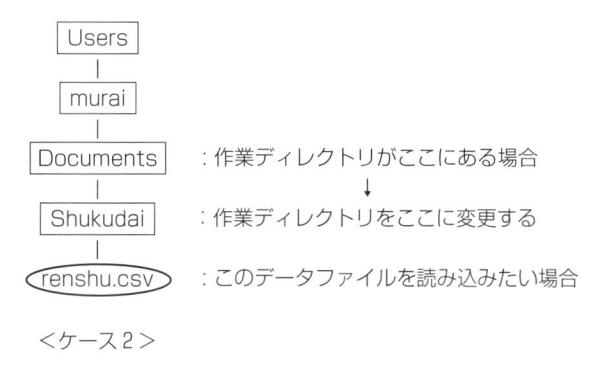

＜ケース2＞

　作業ディレクトリをShukudaiに変更した上でデータファイルを読み込む方法ですが，作業ディレクトリの変更にはsetwd( )を使います。すでにDocumentsの下にShukudaiというディレクトリを作成済みだとすると，下記のように入力し，最後にEnterを押します。

```
> setwd("C:/Users/murai/Documents/Shukudai")
```

ちゃんと移動できたか，確認してみましょう。

```
> getwd()
[1] "C:/Users/murai/Documents/Shukudai"
```

　作業ディレクトリがShukudaiに変更されていることが確認できました。なお，作業ディレクトリの変更は下記のようにしてもできます。「作業ディレクトリの下にあるShukudaiに移動しますよ」という意味です。

```
> setwd("C:./Shukudai")
```

　上記のように移動できたら，先ほど同様read.csv( )を用いると，データファイルが読み込めます。つまり，

```
> テストデータ<-read.csv("renshu.csv")
```

あるいは,

```
> テストデータ<-read.csv("./renshu.csv")
```

です。

　最後にケース3です。作業ディレクトリはそのままにしておいて（つまり移動しないで），読み込みたいデータファイルのありかに至る道筋，つまりパスを明示的に指定する方法です。Shukudaiというディレクトリに，読み込みたいデータファイルrenshu.csvがあるとします。

```
Users
 |
 murai
 |
 Documents ：作業ディレクトリがここにある場合
 |
 Shukudai
 |
 renshu.csv ：このデータファイルを読み込みたい場合
```

＜ケース3＞

```
> テストデータ<-read.csv("C:/Users/murai/Documents/Shukudai/renshu.csv")
```

あるいは,

```
> テストデータ<-read.csv("./Shukudai/renshu.csv")
```

とします。前者は，上からすべての道筋を指定しているので煩雑になっていますが，後者は作業ディレクトリを起点に指定しているのでシンプルです。前者を**絶対パス**，後者を**相対パス**と言いますが，どちらの指定方法でも構いません。

3章　データファイルの読み込み・Rエディタの利用

　それでは，もしパスが分からない場合はどうしたらよいでしょうか。その場合，読み込みたいファイルのアイコンを，Shiftキーを押しながら右クリックすると「パスとしてコピー」がありますので，それをクリックしてください。こうすると外見上は何も起こらないのですが，パソコン内のある領域（**クリップボード**）にそのファイルのパスが取り込まれます。例えば，デスクトップにrenshu.csvがあるとしましょう。そのファイルについて上記のように「パスとしてコピー」を選択した上で，Rで，

> ```
> > テストデータ<-read.csv()
> ```

とまで打って，括弧内に，取り込まれたパスをペーストする（右クリックして「ペースト」をクリックする）と下記のようになります。

> ```
> > テストデータ<-read.csv("C:¥Users¥murai¥Desktop¥renshu.csv")
> ```

しかし，このままEnterを押すと，

> ```
> エラー： "C:¥U"で始まる文字列の中で8進文字なしに'¥U'が使われています
> ```

とエラーになってしまいますので，「¥」の部分をすべて「/」に変更してからEnterを押します。つまり，

> ```
> > テストデータ<-read.csv("C:/Users/murai/Desktop/renshu.csv")
> ```

ということです。なお，繰り返しになりますが，上記いずれの場合も，read.csv( )の実行後，R Consoleで「テストデータ」と入力しEnterを押し，データの中身を確認してください。
　以上3つのケースについて説明しましたが，基本は「自分は今どこにいて，読み込みたいファイルはどこにあるのか」という位置把握です。ファイルを保存したつもりになっている場所に保存されていなかった，といった場合，「No

39

such file or directory」というエラーメッセージが出てきます。作業ディレクトリの場所と読み込みたいファイルの場所を再度確認してください。

　Rは起動時，特に設定を変更しなければ，Documentsが作業ディレクトリになりますが，起動時のディレクトリを変更することもできます。例えば，Rを利用するときには，必ずShukudaiで作業をするというのであれば，起動の時点でShukudaiになるように設定しておいた方が便利です。この設定のためには，デスクトップ上のRのアイコンを右クリックし「プロパティ」をクリックすると「ショートカット」タブの中に「作業フォルダー」がありますので，そこに「C:¥Users¥murai¥Documents¥Shukudai」と入れて，「適用」「OK」とクリックします★9。すると，次回，Rのアイコンをダブルクリックしてを起動すると，指定したフォルダーが作業ディレクトリになります。上記において，もしデスクトップ上にそもそもRのアイコンがなかった場合は，ローカルディスク（C）の下のProgram Filesフォルダーの下のRフォルダーの下のR-3.0.0フォルダーの中を探していくとRの実行ファイル（Rgui）がありますので，そのアイコンを右クリックし「送る」「デスクトップ（ショートカットを作成）」をクリックし，デスクトップ上にRのアイコンを作成してから上記の作業を行ってください。

> ★9：デフォルトでは「/」ではなく「¥」になっていますのでそのまま「¥」を用いています。「適用」をクリックした際，管理者のアクセス許可についての警告が出たら「続行」をクリックします。

　さて，上述した3つのケースのうち一体どれがお勧めなのか，と思われる方もいらっしゃるかもしれません。結局は好み，あるいはケースバイケースになるわけですが，ここではケース1の「作業ディレクトリにデータファイルを置き，読み込む方法」を推しておきたいと思います。Rに不慣れなうちは，「このディレクトリにR関係のファイルはすべて入れておく。Rの作業ディレクトリはいつもこのディレクトリにしておく」と自分で決めておけば，まごつくことも少なくなるでしょう。

　それでもなお，ディレクトリという概念自体に抵抗があり，データの読み込みに不安がある方のために，クリップボードの使用を紹介しておきます。まず，読み込みたいCSVファイルをExcelで開き，データ部分をすべて選択し，コピ

ーします。そのためには，マウスでデータ全体を選択した上で右クリックし「コピー」をクリック，でもよいですし，Ctrl+A（Ctrlキーを押しながらAキーを押す），続いてCtrl+C（Ctrlキーを押しながらCキーを押す）というようにショートカットを利用してもよいです。データの一部だけ分析の対象としたい場合は，その部分のみマウスで範囲選択してコピーすれば，選択した部分だけが取り込まれます。こうしてrenshu.csvの中身をコピーした，つまりデータをクリップボードに取り込んだとしましょう。

次に，read.delim( )を用いて，

> テストデータ<-read.delim("clipboard")

とするだけでデータが読み込まれます。なお，これまでに紹介したread.csv( )でもできるのですが，その場合，

> テストデータ<-read.csv("clipboard",sep="¥t")

とする必要があり，少しややこしいです。「sep」は列を区切る記号について指定するものですが（separatorの意味），「sep="¥t"」はタブ区切りを意味しています。Excel上でコピーしクリップボードに取り込まれたデータは，タブ区切りになっているのです。

以上のクリップボードを利用する方法ですが，作業ディレクトリの位置，読み込みたいファイルの場所，について特に気にしないでも，データを読み込むことができるという点はたしかに便利なのですが，データを読み込んだ跡が残らないというデメリットがあります。Rを利用する際には，プログラムという形で，つまりこの場合，例えば「> テストデータ<-read.csv("./renshu.csv")」というように，「ここから，このデータファイルを読み込んだ」という跡を残すことを基本とした方がよいでしょう。

3-4 Rエディタの利用

上記では入力はすべてR Consoleで行ってきましたが，この方法は主に簡単なプログラムを書く場合に用いられます。まとまった長さのプログラムを書く場合などは，プログラムをいろいろと編集する必要がありますので，専用の道具を用いた方が便利です。ここでは**Rエディタ**を使ってみます。以下本書では，R Consoleではなく，Rエディタを用いてプログラムを書いていくことを想定します。必要な場合は，そのプログラムを適当な名前で適宜保存するようにしてください。

メニューバーの「ファイル」をクリックし，さらに「新しいスクリプト」をクリックすると，下記のように「無題 － Rエディタ」と書かれたウィンドウが出てきます。

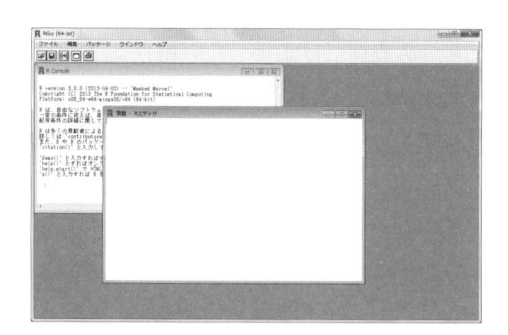

このRエディタの新しいスクリプトのところにプログラムを書き入れていくことは，真っ白なノートに文章を書いていくようなものです。ここに例えば，2章と同じように，

```
身長<-c(160,167,169,181,173)
mean(身長)
sd(身長)
```

3章　データファイルの読み込み・Rエディタの利用

の3行を書いてみましょう。各行末では，Enterを押して改行します。Rエディタは Word やメモ帳などと同じように，入力，削除，コピー，ペースト，など問題なくできます。

　この3行をまとめて実行するには，「編集」「全て実行」とクリックします。すると，結果が R Console に下記のように出てきます。もちろん，先ほどの実行結果と同じです。R エディタで入力したプログラムと，それに対する結果の両方が R Console に表示されることが見て取れます。

```
> 身長<-c(160,167,169,181,173)
> mean(身長)
[1] 170
> sd(身長)
[1] 7.745967
```

　1行ずつ実行したり，ある行だけ実行したい場合は，「編集」「カーソル行または選択中のRコードを実行」をクリックします（実際には Ctrl+R というショートカット，つまり Ctrl キーを押しながら R キーを押すのが便利だと思います）。カーソルのある行について実行され，R Console に結果が表示されます。

　それでは，いったんこのプログラムを保存してみましょう。まず，Rエディタのウィンドウが**アクティブ**になっていることを確認してください（次ページの図左側）。アクティブになっているウィンドウは色が濃く表示されます。もし，R Console のウィンドウの方がアクティブになっていた場合には（次ページの図右側），Rエディタのウィンドウのどこかをクリックしてアクティブにします。その後，「ファイル」「保存」とクリックすると，「スクリプトを保存する」というウィンドウが出てきますので，ファイル名をつけ，保存先を指定して，「保存」をクリックします。ここでは，「hajime.R」という名前でドキュメントに保存してみましょう（.R まで入力します）。保存したのであれば，Rエディタのウィンドウを右上の×印をクリックして終了させて構いません。

43

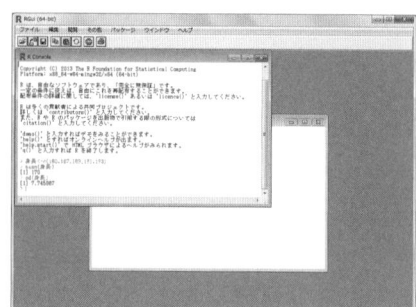

次にhajime.Rを呼び出してみます。Rを起動させた状態で,「ファイル」「スクリプトを開く」とクリックし,先ほど保存したドキュメントの中からhajime.Rを探し,そのアイコンを選択し,「開く」をクリックします。今度は「無題」ではなく,ファイル名が表示されているはずです。

ファイルを編集したものを保存する場合,つまり上書き保存する場合には,Rエディタのウィンドウがアクティブになった状態で「ファイル」「保存」とクリックします。「上書き保存」という名称ではありませんが,「保存」が上書き保存のことです。ただし,パスのどこかに全角が含まれているとエラーが出ることがありますので,その場合「別名で保存」を用いて同じ名前で保存してください（つまり,結果的に上書き保存をすることになります）。

ここで,練習のために,33ページで作成したrenshu.csvをもとに,「testA」の平均値と標準偏差を算出するプログラムをRエディタで書いて実行してみましょう。以下,データファイルの読み込みは「ケース1」を想定して書いています。

```
テストデータ<-read.csv("renshu.csv")
mean(テストデータ$testA)
sd(テストデータ$testA)
```

の3行をRエディタに書いて実行すると,

```
> テストデータ<-read.csv("renshu.csv")
> mean(テストデータ$testA)
[1] 54.3
> sd(テストデータ$testA)
[1] 17.44865
```

と，R Consoleに出力されます。「テストデータ$testA」という表記の意味については，51ページで説明します。上記のプログラムは特に保存しないで構いません。

3-5　3章で学んだこと

3章では，主に以下のことを学びました。

> ・データファイル（CSV形式）の作成。
> →Excelを用いてデータファイルを作成する方法について学びました。
>
> ・データファイルの読み込み。
> →read.csv( )を用いてデータファイルを読み込む方法について学びました。その際，今自分がどこにいて，データファイルがどこにあるか，に関し，3つのケースについて説明しました。getwd( )，setwd( )についても述べました。
>
> ・Rエディタによるプログラムの作成。
> →Rエディタの使用法について説明しました。

　以上3章では，Rによる統計解析の基本となるRの操作方法について学びました。これを踏まえ，次の4章では，データの図表化，基本統計量，相関係数の算出，欠損値のあるデータの処理など，実際の統計解析の説明に入っていきます。

4章　記述統計

4-1　4章で学ぶこと

　4章では，以下のように**記述統計**の説明をしていきます。基本統計量の算出については2章でも書きましたが，本章ではより詳しく説明します。

・データの図表化。
・基本統計量の算出。
・相関係数の算出。
・欠損値のあるデータの処理方法を中心とするデータの取り扱い。

4-2　データファイルの作成

　まず，本章と次章で例題として使用するデータを作成しましょう。下記のデータをCSVファイルとして作成します[★1]。ファイル名はsample.csvとします。保存先は「ドキュメント」フォルダー（C:/Users/murai/Documents）ということで以下説明していきますので，各自の設定に応じて読み替えてください。muraiの部分は当然異なるでしょうし，保存先をドキュメント以外のどこか別の場所にした場合（例えば，本書の章ごとにファイルを別々のフォルダーに入れて整理した場合）も，それに応じてプログラムを書いてください。以下，このデータを使って演習を行っていきます。

　　★1：CSVファイルの作成方法については3章をご覧ください。

　下記は仮想データです（36人の大学生が対象）。変数名ですが，分かりやすさのため，ここでは日本語を用いています。順に説明すると，「性別」（fは女性，mは男性），「出身県」（a，b，c），「内外」はインドア派（i）かアウトドア派（o）か，「テレビ」は1日平均のテレビ視聴時間,「社交性」は10点満点の自己評価,「事

前」は学習前のテスト得点,「事後」は学習後のテスト得点(いずれも100点満点)を意味するものとします。

番号	性別	出身県	内外	テレビ	社交性	事前	事後
1	f	a	i	7	5	49	71
2	f	b	i	1	7	47	68
3	f	c	o	1	8	57	81
4	f	b	o	3	8	52	71
5	f	c	o	2	9	53	61
6	m	a	i	6	5	63	66
7	f	a	o	4	6	56	70
8	m	c	o	5	3	65	64
9	m	b	o	3	5	75	74
10	m	a	i	4	3	61	78
11	f	a	i	8	3	55	66
12	f	a	i	6	5	61	71
13	m	b	i	3	3	70	68
14	m	b	i	5	2	69	65
15	m	a	i	3	5	65	71
16	f	b	i	4	3	60	59
17	m	b	i	5	3	70	62
18	m	c	o	2	6	63	61
19	m	c	o	1	7	68	66
20	f	c	o	4	3	54	53
21	f	a	o	2	8	60	78
22	m	a	i	7	3	69	68
23	m	c	o	2	8	64	65
24	f	a	o	7	4	52	67
25	m	a	o	3	6	58	69
26	m	c	o	1	7	65	71
27	m	b	o	1	8	64	79
28	f	c	o	4	4	59	64
29	f	c	i	3	6	45	51
30	f	b	i	5	6	50	49
31	m	b	o	1	9	72	71
32	f	b	i	7	3	55	60
33	m	c	i	7	4	79	77
34	f	c	o	4	7	60	58
35	f	b	i	8	3	53	67
36	m	a	o	5	7	57	72

　まずこのデータファイルを読み込みます。下記の一文をRエディタで書き,実行するのでしたね。

```
例題<-read.csv("C:/Users/murai/Documents/sample.csv")
```

とRエディタに書き，「編集」をクリック，そして「カーソル行または選択中のRコードを実行」をクリックすると，書いたプログラムがR Consoleにそのまま表示されることが分かると思います。このように，Rエディタで書いたプログラムを実行すると，R Consoleにそのプログラムがそのまま表示された上で，結果が表示されることは43ページに書いた通りです。出力は，51ページで述べるように図については別のウィンドウ（グラフィックスウィンドウ）になされ，図以外の文字からなる結果についてはR Consoleになされます。

データがきちんと読み込まれているかどうか確認するために，

```
例題
```

とRエディタに書き実行すると[★2]，R Consoleに，下記のように「例題」の中身が表示されます。

> [★2]：2文字ですし，この程度であればR Consoleに直接入力しEnterを押してもよいでしょう。

```
> 例題
   番号 性別 出身県 内外 テレビ 社交性 事前 事後
1    1    f      a    i      7      5   49   71
2    2    f      b    i      1      7   47   68
3    3    f      c    o      1      8   57   81
4    4    f      b    o      3      8   52   71
5    5    f      c    o      2      9   53   61
6    6    m      a    i      6      5   63   66
7    7    f      a    o      4      6   56   70
8    8    m      c    o      5      3   65   64
9    9    m      b    o      3      5   75   74
10  10    m      a    i      4      3   61   78
11  11    f      a    i      8      3   55   66
12  12    f      a    i      6      5   61   71
13  13    m      b    i      3      3   70   68
14  14    m      b    i      5      2   69   65
15  15    m      a    i      3      5   65   71
16  16    f      b    i      4      3   60   59
```

17	17	m	b	i	5	3	70	62
18	18	m	c	o	2	6	63	61
19	19	m	c	o	1	7	68	66
20	20	f	c	o	4	3	54	53
21	21	f	a	o	2	8	60	78
22	22	m	a	i	7	3	69	68
23	23	m	c	o	2	8	64	65
24	24	f	a	o	7	4	52	67
25	25	m	a	o	3	6	58	69
26	26	m	c	o	1	7	65	71
27	27	m	b	o	1	8	64	79
28	28	f	c	o	4	7	59	64
29	29	f	c	i	3	6	45	51
30	30	f	b	i	5	6	50	49
31	31	m	b	o	1	9	72	71
32	32	f	b	i	7	3	55	60
33	33	m	c	i	7	4	79	77
34	34	f	c	o	4	7	60	58
35	35	f	b	i	8	3	53	67
36	36	m	a	o	5	7	57	72

このように，データファイルの読み込み後，読み込まれた中身を一応確認しておいた方がよいでしょう。なお，2章で言葉だけ出しましたが，この「例題」は**データフレーム**と呼ばれるもので，**量的変数**と**質的変数**といった種類の異なる変数を格納できるオブジェクトです[3]。

> [3]：2章で説明したように，1つのオブジェクトには通常1つの型のみ対応していますが，1つの型しか格納できないデータでは，例えばある量的変数について男女比較をするといったことができなくなってしまい不便ですので（性別は質的変数です），データフレームが有効なのです。

さて，ここまでの段階で，Rエディタには下記のように2行書かれていると思います。

```
例題<-read.csv("C:/Users/murai/Documents/sample.csv")
例題
```

練習のために，いったん保存し，Rエディタを終了させてみましょう。復習になりますが，Rエディタのウィンドウがアクティブになっていることの確認，

「ファイル」→「保存」→「スクリプトを保存する」，ファイル名の指定（sample.Rとしておきます），保存先の指定，「保存」，Rエディタのウィンドウを右上の×印をクリックして終了，でしたね。

4-3 データの図表化

統計解析の基本は，まず図や表にして，データの様子を視覚的に把握することです。ここでは，一変数の分布の様子を見るものとしてヒストグラム，二変数の関連を見るものとして散布図について説明します。また，度数分布表，クロス集計表，棒グラフについても言及します。

●4-3-1 ヒストグラム

「例題」の中の「事前」と「事後」について**ヒストグラム**を描いてみましょう。ヒストグラム作成のためには，hist( )を用います。

プログラムですが，先ほど2行書いた下の部分に加筆していって構いません。sample.Rを呼び出してみましょう。Rを起動させた状態で，「ファイル」「スクリプトを開く」，sample.Rのアイコンを選択し「開く」，でしたね。

```
hist(例題$事前)
```

とRエディタに書いて実行すると，

Histogram of 例題$事前

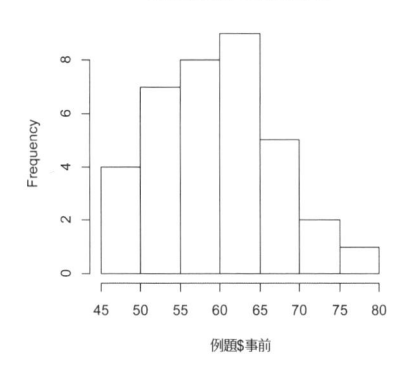

とヒストグラムが描かれたウィンドウが開きます。「例題$事前」は，データフレーム「例題」の中の「事前」という変数，という意味です[★4]。

> ★4：このヒストグラムですが，Wordなどに貼り付けることができます。**グラフィックスウィンドウ**の中にマウスのカーソルをあわせて右クリックすると「メタファイルにコピー」というメニューがありますので，それを選ぶと図がクリップボードにコピーされ，後ほどWordなどに貼り付けることが可能です。

グラフィックスウィンドウは，下記を実行すれば閉じることができます。

```
dev.off()
```

ヒストグラムが出力されたウィンドウが消えることが確認できたと思います。次に「事後」の方もヒストグラムにしてみましょう。

```
hist(例題$事後)
```

上記を実行すると，下記のようなヒストグラムが表示されます。

Histogram of 例題$事後

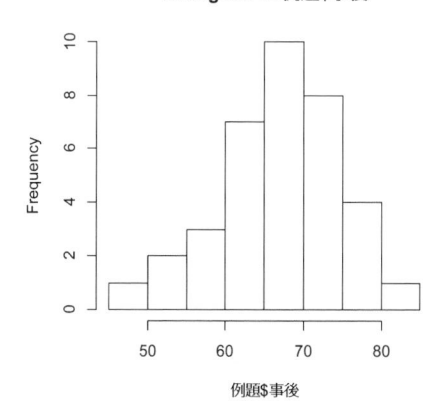

```
dev.off()
```

で閉じておきます。

ここで，上記2つのヒストグラムを並べて表示することを考えます。その場

合，まず画面を二分割する設定をする必要があります。そのためには，事前にpar( )を適用しておきます。下記を実行してみましょう。

```
par(mfrow=c(1,2))
hist(例題$事前)
hist(例題$事後)
```

par(mfrow=c(1,2))で，画面を「1×2」に分割，つまり，図を横に2つ並べることができます。実行結果は，

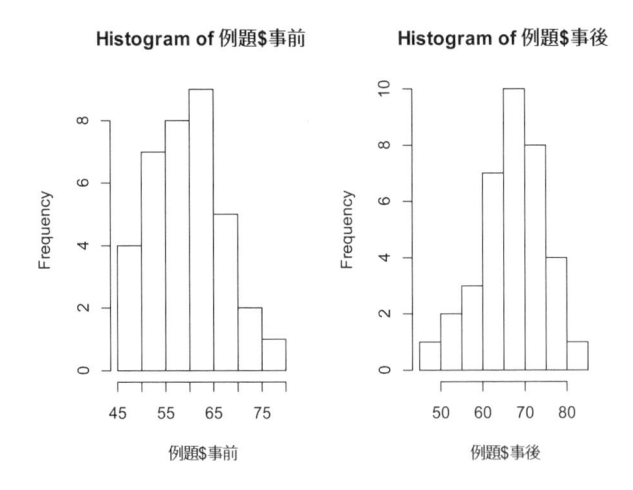

となります。

```
dev.off()
```

で閉じましょう。「1×2」を「逆」に，つまり「2×1」にするには，下記のようにします。

```
par(mfrow=c(2,1))
hist(例題$事前)
hist(例題$事後)
```

これを実行すると，

Histogram of 例題$事前

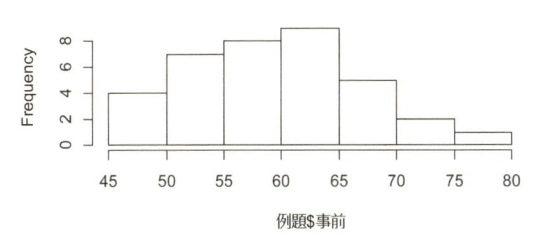

Histogram of 例題$事後

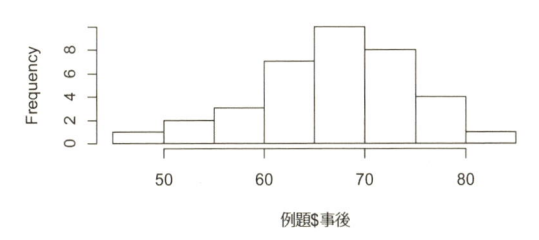

となります。必要に応じて，画面の分割の形式を変えればよいでしょう。確認が終わったら，

```
dev.off()
```

ですね。

さて，ここで気になる点は，横軸，縦軸の目盛りがそろっていない点です。下記を実行してみてください。

```
par(mfrow=c(1,2))
hist(例題$事前,xlim=c(40,90),ylim=c(0,10))
hist(例題$事後,xlim=c(40,90),ylim=c(0,10))
```

これを実行すると，

Histogram of 例題$事前 　　　Histogram of 例題$事後

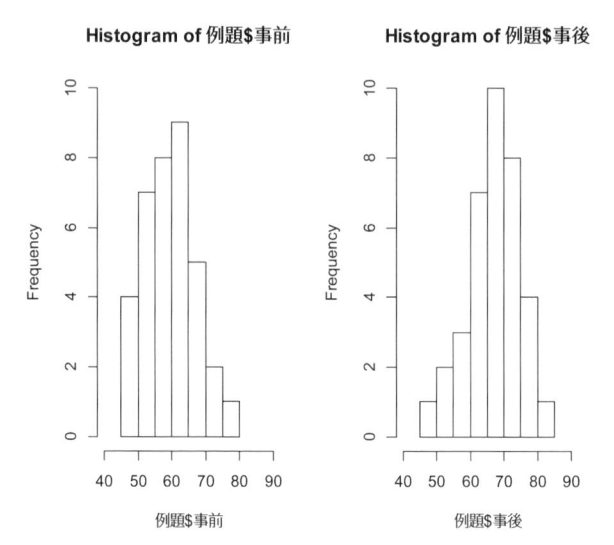

と出力されます。xlim=c(40,90)で横軸を40から90までと設定し，ylim=c(0,10)で縦軸を0から10までと設定しています。先のようにとりあえずヒストグラムを表示させ，それをもとに，横軸，縦軸の目盛りを微調整すればよいでしょう。

```
dev.off()
```

で閉じます。

次に，「事前」「事後」それぞれについて，男女別にヒストグラムを表示させてみましょう。計4つのヒストグラムになりますから，2×2ですね。下記を実行します。

```
par(mfrow=c(2,2))
hist(例題$事前[例題$性別=="f"],xlim=c(40,90),ylim=c(0,10))
hist(例題$事後[例題$性別=="f"],xlim=c(40,90),ylim=c(0,10))
hist(例題$事前[例題$性別=="m"],xlim=c(40,90),ylim=c(0,10))
hist(例題$事後[例題$性別=="m"],xlim=c(40,90),ylim=c(0,10))
```

結果は下記のように出力されます。

4章　記述統計

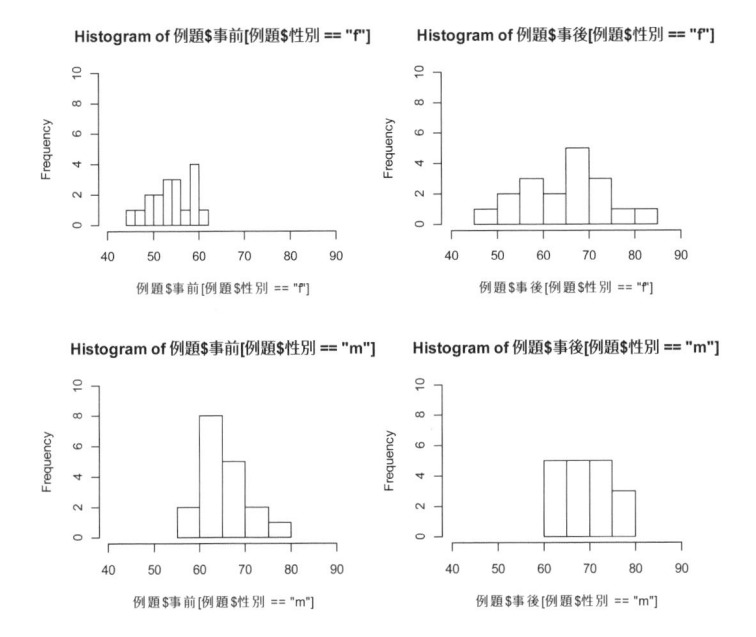

Histogram of 例題$事前[例題$性別 == "f"]

Histogram of 例題$事後[例題$性別 == "f"]

Histogram of 例題$事前[例題$性別 == "m"]

Histogram of 例題$事後[例題$性別 == "m"]

　例題$事前[例題$性別==" f "]の意味は，「性別」が「f」の研究参加者だけ，ということです．間違いやすいポイントとしては，「=」が2つあること，fを" "で囲う点があります．

　図を見て気づくことは，女性の事前のみ，1つひとつのバーの横幅が狭く，10の区間が2刻み（5段階）になっている点です．この点について修正しましょう．まず，上記を閉じておきます．

```
dev.off( )
```

その次に下記を実行します[5]。

　★5：以下のように，横に長いプログラム文をエディタ上に書くとき，プログラム文の途中で改行することは問題ありません．適当なところで改行することで見やすくなるというメリットがあります．

55

```
par(mfrow=c(2,2))
hist(例題$事前[例題$性別=="f"],xlim=c(40,90),ylim=c(0,10),
                              breaks=seq(40,90,5))
hist(例題$事後[例題$性別=="f"],xlim=c(40,90),ylim=c(0,10))
hist(例題$事前[例題$性別=="m"],xlim=c(40,90),ylim=c(0,10))
hist(例題$事後[例題$性別=="m"],xlim=c(40,90),ylim=c(0,10))
```

表示される結果は下記です。

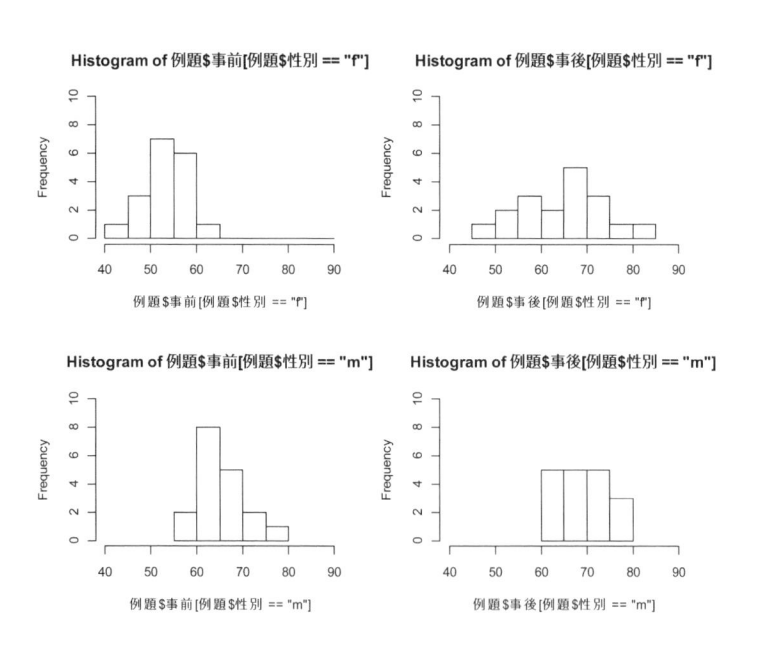

breaks=seq(40,90,5)の意味は，40から90まで5刻みにする，ということです。こうすることで，他の3つのヒストグラムと横軸がそろいます。

最後に上記を閉じます。

```
dev.off()
```

です。

以上，Rエディタにプログラムを書いてきたわけですが，下記のようになっ

4章 記述統計

ていると思います。

```
例題<-read.csv("C:/Users/murai/Documents/sample.csv")
例題
hist(例題$事前)
dev.off()
…
(中略)
…
hist(例題$事後[例題$性別=="m"],xlim=c(40,90),ylim=c(0,10))
dev.off()
```

　このように「ずらずら」と書いていくと，自分の書いたプログラムを後で見返してみて，全体の流れがよく分からないことがあります。そこで，プログラムの中に「コメント」を入れることを考えます。例えば下記のように，#の後にコメントを入れます。これを**コメントアウト**と言います。#の後に書かれた部分はRに無視される，つまり実行されませんので，「ここでは何をやっているか」といった説明書きを入れておくと，後でプログラムを読み返したときに分かりやすくなります。

```
#データの読み込み
例題<-read.csv("C:/Users/murai/Documents/sample.csv")
例題

#ヒストグラム
hist(例題$事前)
dev.off()
…
(以下略)
```

　以上のように，区切り区切りに「段落の見出し」のようにコメントを入れる場合もあれば，

```
par(mfrow=c(2,2))#画面を分割する
```

のように，プログラム文の後にコメントを加えることもあります。お好みで構

いません。プログラムを他の人に見せ説明する必要がある場合などは，ある程度分かりやすくコメントを書くとよいでしょう。あくまで自分だけであれば，自分にしか分からないコメントでも構いません。

以下，必要な方は上記のようにコメントを適宜入れていってください。また，Rエディタで書いたプログラムのファイルは，必要に応じて上書き保存をしてください。以下では，ファイルの保存の指示などはしません。

● **4-3-2　散布図**

以上説明したヒストグラムは，1つの変数の分布の様子について視覚的に表現するものでした。次に，2つの量的変数の関係についての表現として，散布図について説明します。

「社交性」と「テレビ」の相関関係を見るために**散布図**を描いてみましょう。散布図の作成のためにはplot( )を用います。下記を実行してみます。

```
plot(例題$社交性,例題$テレビ)
```

結果は次のようになります。

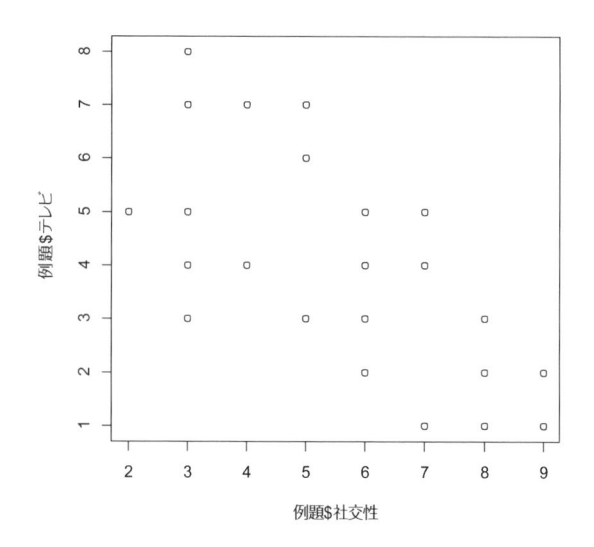

負の相関関係が見て取れます。図を閉じましょう。

```
dev.off()
```

次にプロット文字を○から性別に変更してみましょう。下記を実行します。

```
plot(例題$社交性,例題$テレビ,pch=paste(例題$性別))
```

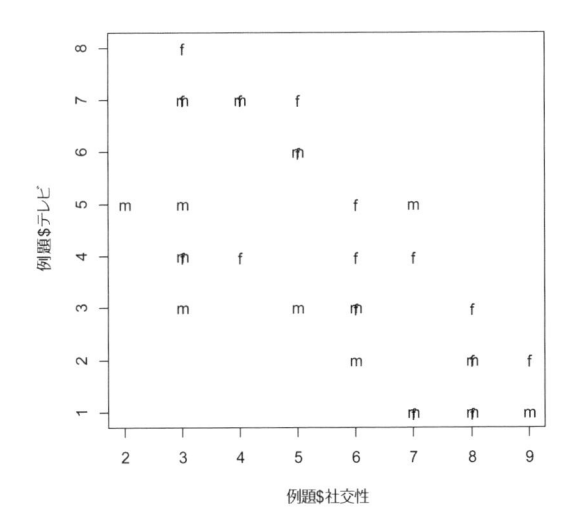

pch=paste(例題$性別)の部分で，プロット文字を性別にしています。男女で同値の人がいるため重なりがありますが，女性はf，男性はmとプロットされていることが分かります[6]。

> ★6：プロット文字で研究参加者の属性を表現するのではなく，○を使いつつ異なる色で属性を表現するには「plot(例題$社交性,例題$テレビ,col=例題$性別)」とするとよいでしょう（ここでは実行しません）。

```
dev.off()
```

で閉じます。

次に，男女別に散布図を描いてみましょう。横に２つ並べるような設定にしておきます。下記を実行してみてください。

```
par(mfrow=c(1,2))
plot(例題$社交性[例題$性別=="f"],例題$テレビ[例題$性別=="f"])
plot(例題$社交性[例題$性別=="m"],例題$テレビ[例題$性別=="m"])
```

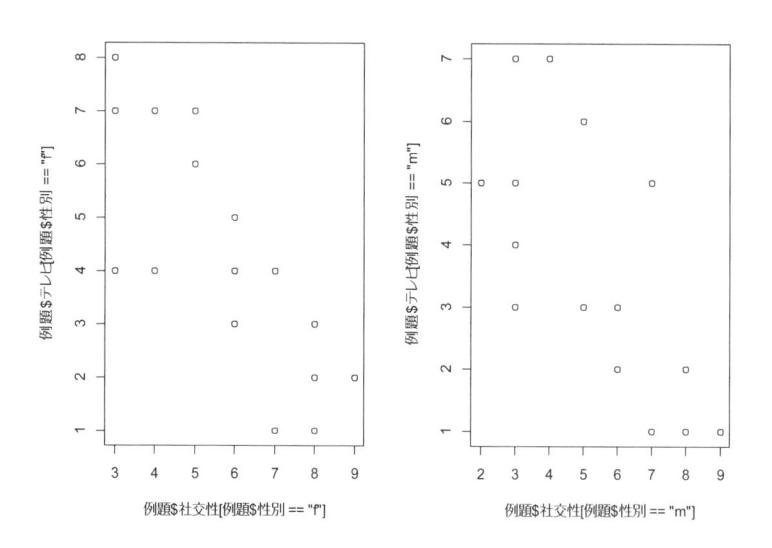

男女別に散布図が出力されたことが分かります。

```
dev.off()
```

で閉じます。

上記では，軸の目盛りが異なっていますね。ヒストグラムの場合と同様にして，目盛りをそろえましょう。下記を実行してください。

```
par(mfrow=c(1,2))
plot(例題$社交性[例題$性別=="f"],例題$テレビ[例題$性別=="f"],
                    xlim=c(1,10),ylim=c(1,10))
plot(例題$社交性[例題$性別=="m"],例題$テレビ[例題$性別=="m"],
                    xlim=c(1,10),ylim=c(1,10))
```

4章 記述統計

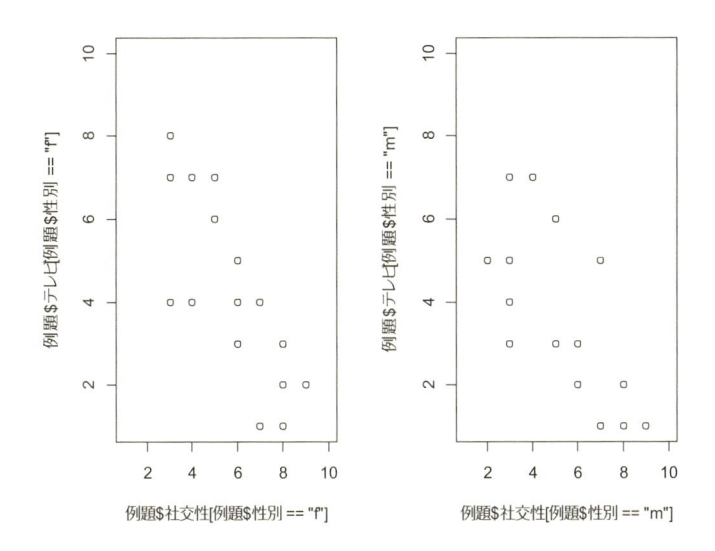

縦軸，横軸ともに，目盛りがそろったことが分かります．最後に，

```
dev.off()
```

で閉じます．

● **4-3-3 度数分布表・棒グラフ・クロス集計表**

ヒストグラムと散布図について説明しましたが，その他によく使われる図表として，以下，度数分布表，棒グラフ，クロス集計表，について紹介します．

出身県についてa県，b県，c県各々の度数を見るため，**度数分布表**を作成してみましょう．そのためにはtable( )を用います．

```
table(例題$出身県)
```

を実行すると，R Consoleに結果が出力されます（先に説明した図表化では，結果はR Consoleではなくグラフィックスウィンドウとして出てきました）．

```
> table(例題$出身県)

 a  b  c
12 12 12
```

とごく簡素な出力ですが，各県の度数が12であることが分かります。

同じく出身県について**棒グラフ**を作成します。棒グラフ作成のためにはbarplot( )を使います。

```
barplot(table(例題$出身県))
```

を実行すると，

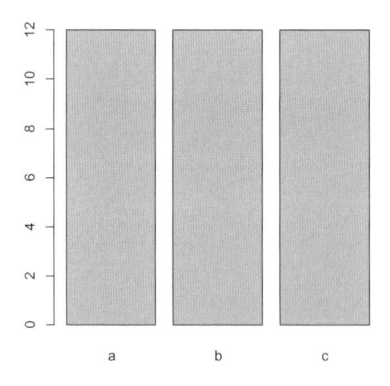

と棒グラフが出てきます。この場合，各県とも同じ人数なので，3本の棒が同じ高さになっています。

```
dev.off( )
```

で閉じます。

次に，2つの質的変数の連関を見るためにしばしば用いられる**クロス集計表**ですが，table( )を用い，括弧内に2つの変数を並べればできます。

```
table(例題$性別,例題$内外)
```

を実行すると，

```
> table(例題$性別,例題$内外)
   
    i  o
  f 9  9
  m 8 10
```

と先ほど同様，簡素なクロス集計表が出力されます。例えば，f（女性）でi（インドア派）が9人というように読み取れます。

これについても棒グラフにすることができます。

```
barplot(table(例題$性別,例題$内外))
```

を実行すると，

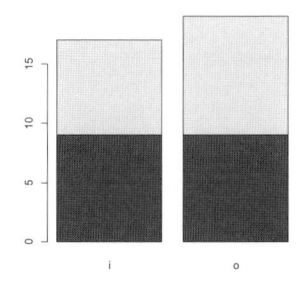

と，i（インドア派），o（アウトドア派）別に，男女が色分けされて棒グラフになって出てきます。

```
dev.off()
```

で閉じます。

4-4 基本統計量の算出

データの図表化の後は，平均値，標準偏差などの基本統計量を算出します。統計解析の基礎的な段階です。

●4-4-1 基本統計量の算出

まず，データフレーム内のすべての変数について，**基本統計量**などを概観してみることにしましょう。

```
summary(例題)
```

を実行すると，下記のように，データフレーム「例題」の全変数についての基礎的情報がR Consoleに表示されます。量的変数については平均値などが，質的変数については度数が表示されます。summary，すなわち**数値要約**をするための関数ということです。

```
> summary(例題)
     番号           性別     出身県     内外          テレビ              社交性
 Min.   : 1.00   f:18    a:12    i:17    Min.   :1.00    Min.   :2.000
 1st Qu.: 9.75   m:18    b:12    o:19    1st Qu.:2.00    1st Qu.:3.000
 Median :18.50           c:12            Median :4.00    Median :5.000
 Mean   :18.50                           Mean   :4.00    Mean   :5.333
 3rd Qu.:27.25                           3rd Qu.:5.25    3rd Qu.:7.000
 Max.   :36.00                           Max.   :8.00    Max.   :9.000
      事前              事後
 Min.   :45.00    Min.   :49.0
 1st Qu.:54.75    1st Qu.:63.5
 Median :60.00    Median :67.5
 Mean   :60.42    Mean   :67.0
 3rd Qu.:65.00    3rd Qu.:71.0
 Max.   :79.00    Max.   :81.0
```

平均値（Mean），最大値（Max），最小値（Min），中央値（Median）などが出力されます。「番号」の平均値など意味の無い情報も出力されますが，変

4章　記述統計

数の数が少ない場合には，このようにデータフレーム名を直接，summary( )の括弧内に書くだけで，変数全体の様子を知ることができ便利です。ここでは，量的変数については，平均値，最大値，最小値を中心に見ておくとよいと思います。最大値，最小値にあり得ない値（取り得る値の範囲よりも大きな，または小さな値）がある場合など，データの入力ミスに気づくことができますし（この点については図表化でも可能ですが），何よりデータの全体的傾向を把握することができるでしょう。質的変数についても同様，度数を見ることで気づくことがあると思います（図表化でも可能です）。

　変数を指定して，平均値を求めることもできます。例えば，「テレビ」（1日平均のテレビ視聴時間）について**平均値**を求めたい場合，

```
mean(例題$テレビ)
```

を実行すると，

```
> mean(例題$テレビ)
[1] 4
```

と平均値が出力されます。**標準偏差**についても同様に，

```
sd(例題$テレビ)
```

を実行すると，

```
> sd(例題$テレビ)
[1] 2.17781
```

と出力されます。2章で述べたように，この標準偏差は不偏分散の正の平方根です。**不偏分散**ですが，

```
var(例題$テレビ)
```

を実行すると（varはvarianceの意味です），

```
> var(例題$テレビ)
[1] 4.742857
```

と出力されます。

中央値については，

```
median(例題$テレビ)
```

を実行すると，

```
> median(例題$テレビ)
[1] 4
```

と結果が得られます。

●4-4-2　属性別算出

次に，基本統計量について，男女別に平均値を算出するなど，属性別（グループ別，集団別）に結果を得ることについて考えます。例えば，「テレビ」について男女別に平均値を算出するには，

```
tapply(例題$テレビ,例題$性別,mean)
```

を実行すると，

```
> tapply(例題$テレビ,例題$性別,mean)
       f        m
4.444444 3.555556
```

と男女別に平均値が出てきます。tapply(対象となるデータ，属性に関する変数，関数)という形式で，「対象となるデータ」について，「属性に関する変数」でグループ分けし，各グループに「関数」を適用します。Rにはtapply( )以外にも，sapply( )，lapply( )などapplyに関連する関数がありますが（apply族とかapply関数群と呼ばれます），その詳細については，青木（2009）などを参考にしてください。

標準偏差についても同じようにできます。

```
tapply(例題$テレビ,例題$性別,sd)
```

を実行すると，

```
> tapply(例題$テレビ,例題$性別,sd)
       f        m
2.280924 2.035630
```

と出てきます。summary( ) についても同様に，

```
tapply(例題$テレビ,例題$性別,summary)
```

を実行すると，

```
> tapply(例題$テレビ,例題$性別,summary)
$f
    Min.  1st Qu.  Median    Mean  3rd Qu.    Max.
   1.000    3.000   4.000   4.444    6.750   8.000

$m
    Min.  1st Qu.  Median    Mean  3rd Qu.    Max.
   1.000    2.000   3.000   3.556    5.000   7.000
```

と男女別に結果が出てきます。

同様のことはby( )を用いてもできます。出身県別に「テレビ」の平均値を算出するには，

```
by(例題$テレビ,例題$出身県,mean)
```

とすると，

```
> by(例題$テレビ,例題$出身県,mean)
例題$出身県: a
[1] 5.166667
------------------------------------------------------------
例題$出身県: b
[1] 3.833333
------------------------------------------------------------
例題$出身県: c
[1] 3
```

と出力されます。同様に標準偏差は，

```
by(例題$テレビ,例題$出身県,sd)
```

を実行すると，

```
> by(例題$テレビ,例題$出身県,sd)
例題$出身県: a
[1] 1.946247
------------------------------------------------------------
例題$出身県: b
[1] 2.289634
------------------------------------------------------------
例題$出身県: c
[1] 1.858641
```

と出力されます。summaryについても，

```
by(例題$テレビ,例題$出身県,summary)
```

としますと，

```
> by(例題$テレビ,例題$出身県,summary)
例題$出身県: a
    Min. 1st Qu.  Median    Mean 3rd Qu.    Max.
   2.000   3.750   5.500   5.167   7.000   8.000
------------------------------------------------------------
例題$出身県: b
    Min. 1st Qu.  Median    Mean 3rd Qu.    Max.
   1.000   2.500   3.500   3.833   5.000   8.000
------------------------------------------------------------
例題$出身県: c
    Min. 1st Qu.  Median    Mean 3rd Qu.    Max.
    1.00    1.75    2.50    3.00    4.00    7.00
```

と結果が得られます。

　なお，by( )については，

```
by(例題,例題$性別,summary)
```

のように，データフレーム「例題」を指定すれば，下記のように「例題」内の全変数についてsummary( )の結果が男女別に出てきます。

```
> by(例題,例題$性別,summary)
例題$性別: f
     番号           性別    出身県   内外        テレビ           社交性
 Min.   : 1.00   f:18   a:6   i:9   Min.   :1.000   Min.   :3.000
 1st Qu.: 5.50   m: 0   b:6   o:9   1st Qu.:3.000   1st Qu.:3.250
 Median :18.00          c:6         Median :4.000   Median :5.500
 Mean   :17.44                      Mean   :4.444   Mean   :5.444
 3rd Qu.:28.75                      3rd Qu.:6.750   3rd Qu.:7.000
 Max.   :35.00                      Max.   :8.000   Max.   :9.000
```

```
         事前              事後
 Min.   :45.00   Min.   :49.00
 1st Qu.:52.00   1st Qu.:59.25
 Median :54.50   Median :66.50
 Mean   :54.33   Mean   :64.72
 3rd Qu.:58.50   3rd Qu.:70.75
 Max.   :61.00   Max.   :81.00
----------------------------------------------------------------
例題$性別: m
      番号          性別    出身県    内外       テレビ              社交性
 Min.   : 6.00   f: 0   a:6    i: 8   Min.   :1.000   Min.   :2.000
 1st Qu.:13.25   m:18   b:6    o:10   1st Qu.:2.000   1st Qu.:3.000
 Median :18.50          c:6           Median :3.000   Median :5.000
 Mean   :19.56                        Mean   :3.556   Mean   :5.222
 3rd Qu.:25.75                        3rd Qu.:5.000   3rd Qu.:7.000
 Max.   :36.00                        Max.   :7.000   Max.   :9.000
         事前              事後
 Min.   :57.00   Min.   :61.00
 1st Qu.:63.25   1st Qu.:65.25
 Median :65.00   Median :68.50
 Mean   :66.50   Mean   :69.28
 3rd Qu.:69.75   3rd Qu.:71.75
 Max.   :79.00   Max.   :79.00
```

　tapply( )は，「対象となるデータ」の部分に1つの変数しか指定できません。ですから，例えばby( )で「by(例題,例題$性別,summary)」と，データフレーム「例題」を指定したことからの類推で「tapply(例題,例題$性別,summary)」などと書いてもエラーが出てしまいます。

　なお，属性別の基本統計量の算出に関しては，psychパッケージ[7]のdescribeBy( )を用いる方法も便利です（山田・村井・杉澤（2015）を参照）。

> [7]：パッケージの使用方法については，6章の分散分析で具体的な説明を加えます（113ページ参照）。

4-5 相関係数の算出

　以上は，基本的には1つの量的変数について分析するものでしたが，以下では，ある量的変数と別の量的変数との関連を検討するというように，2つの量

的変数の関連についての分析が続きます。

●4-5-1　共分散

相関係数の算出に先立ち，まず**共分散**の算出方法です。「社交性」と「テレビ」の共分散ですが，

```
cov(例題$社交性,例題$テレビ)
```

を実行すると，

```
> cov(例題$社交性,例題$テレビ)
[1] -3.171429
```

と共分散が得られます。なお，この値は**不偏共分散**です。

●4-5-2　相関係数

同じく「社交性」と「テレビ」の**相関係数**ですが，

```
cor(例題$社交性,例題$テレビ)
```

を実行すると，

```
> cor(例題$社交性,例題$テレビ)
[1] -0.7034339
```

と相関係数が得られます。

複数の変数間の相関係数をまとめて算出したい場合には，

```
cor(例題[5:8])
```

のようにします。「5:8」の意味は，「例題」というデータフレームの中の5番

目から8番目までの変数ということです。この場合「テレビ」「社交性」「事前」「事後」です。実行結果は下記の通りです。

```
> cor(例題[5:8])
            テレビ      社交性         事前          事後
テレビ   1.00000000  -0.7034339  -0.09997361  -0.1663791
社交性  -0.70343392   1.0000000  -0.15344543   0.2266150
事前    -0.09997361  -0.1534454   1.00000000   0.3678376
事後    -0.16637912   0.2266150   0.36783760   1.0000000
```

と四変数間の相関係数が出力されます[★8]。

★8：相関係数の検定については5章で述べます。

●4-5-3 属性別算出

次に**層別相関**を求めてみましょう。

```
cor(例題$社交性[例題$性別=="f"],例題$テレビ[例題$性別=="f"])
```

と書き実行すると，

```
> cor(例題$社交性[例題$性別=="f"],例題$テレビ[例題$性別=="f"])
[1] -0.7565126
```

のように，女性のみにおける「社交性」と「テレビ」の相関係数が算出されます。「例題$性別=="f"」の意味は，ヒストグラムのところで説明した通り，データフレーム「例題」の中の「性別」が「f」の研究参加者だけ，ということです。

同様に男性については，

```
cor(例題$社交性[例題$性別=="m"],例題$テレビ[例題$性別=="m"])
```

を実行すると，

```
> cor(例題$社交性[例題$性別=="m"],例題$テレビ[例題$性別=="m"])
[1] -0.7085549
```

と出力されます。

あるいは，元のデータそのものを，女性のみからなるデータと男性のみからなるデータに分けた上で，層別相関を出す方法もあります。

```
例題女<-subset(例題,例題$性別=="f")
```

と書き実行します。subset( )で条件式に合致するデータのみ抽出しているのですが，この場合「例題$性別=="f"」という条件，つまり性別がfであるという条件に合ったもののみ切り出して，新たなデータフレーム「例題女」を作成しているということです。

念のため，「例題女」の中身を見てみると（R Consoleで「例題女」と入力しEnterを押します），

	番号	性別	出身県	内外	テレビ	社交性	事前	事後
1	1	f	a	i	7	5	49	71
2	2	f	b	i	1	7	47	68
3	3	f	c	o	1	8	57	81
4	4	f	b	o	3	8	52	71
5	5	f	c	o	2	9	53	61
7	7	f	a	o	4	6	56	70
11	11	f	a	i	8	3	55	66
12	12	f	a	i	6	5	61	71
16	16	f	b	i	4	3	60	59
20	20	f	c	o	4	3	54	53
21	21	f	a	o	2	8	60	78
24	24	f	a	o	7	4	52	67
28	28	f	c	o	4	7	59	64
29	29	f	c	i	3	6	45	51
30	30	f	b	i	5	6	50	49
32	32	f	b	i	7	3	55	60

34	34	f	c	o	4	7	60	58
35	35	f	b	i	8	3	53	67

のように，性別はfだけですから，たしかに女性のみのデータになっていることが分かります。同様に男性についても，

```
例題男<-subset(例題,例題$性別=="m")
```

を実行します。中身を見てみると，

```
> 例題男
```

	番号	性別	出身県	内外	テレビ	社交性	事前	事後
6	6	m	a	i	6	5	63	66
8	8	m	c	o	5	3	65	64
9	9	m	b	o	3	5	75	74
10	10	m	a	i	4	3	61	78
13	13	m	b	i	3	3	70	68
14	14	m	b	i	5	2	69	65
15	15	m	a	i	3	5	65	71
17	17	m	b	i	5	3	70	62
18	18	m	c	o	2	6	63	61
19	19	m	c	o	1	7	68	66
22	22	m	a	i	7	3	69	68
23	23	m	c	o	2	8	64	65
25	25	m	a	o	3	6	58	69
26	26	m	c	o	1	7	65	71
27	27	m	b	o	1	8	64	79
31	31	m	b	o	1	9	72	71
33	33	m	c	i	7	4	79	77
36	36	m	a	o	5	7	57	72

と，性別はmだけですから，たしかに男性のみからなるデータができあがっています。

上記でできた男女別データについて，

```
cor(例題女$社交性,例題女$テレビ)
```

を実行すると,

```
> cor(例題女$社交性,例題女$テレビ)
[1] -0.7565126
```

と女性における相関係数が得られ,また,

```
cor(例題男$社交性,例題男$テレビ)
```

を実行すると,

```
> cor(例題男$社交性,例題男$テレビ)
[1] -0.7085549
```

と男性における相関係数が得られます。もちろん,先ほどの結果と同じです。

4-6 欠損値のあるデータの処理

Rでは,**欠損値**のあるデータの扱いで一工夫必要になるケースがあります。実際の研究では,すべての変数について測定値が得られた「完全なデータ」というのはなかなかありません。むしろ,欠損値のあるデータの方が多いでしょう。以下,この点について,具体例に基づきながら説明していきます。なお,実際の統計解析では,以降の5章,6章で取り上げる各種分析においても,欠損値のあるデータを対象とすることはもちろんありますが,その各々について欠損値がある場合の対応を逐一述べることはしません。欠損値の話は本節に代表させることにします。

●4-6-1 欠損値のあるデータの作成

まず,これまで用いてきたsample.csvを少し加工して,下記のような欠損値のあるデータを,sampleNA.csvという名前で作成してみます。**NA**とはnot available，つまり欠損値ということです。番号 5 の女性において「テレビ」が欠損値，番号10の男性において「社交性」が欠損値，番号21の女性において「出身県」が欠損値となっています。

番号	性別	出身県	内外	テレビ	社交性	事前	事後
1	f	a	i	7	5	49	71
2	f	b	i	1	7	47	68
3	f	c	o	1	8	57	81
4	f	b	o	3	8	52	71
5	f	c	o		9	53	61
6	m	a	i	6	5	63	66
7	f	a	o	4	6	56	70
8	m	c	o	5	3	65	64
9	m	b	o	3	5	75	74
10	m	a	i	4		61	78
11	f	a	i	8	3	55	66
12	f	a	i	6	5	61	71
13	m	b	i	3	3	70	68
14	m	b	i	5	2	69	65
15	m	a	i	3	5	65	71
16	f	b	i	4	3	60	59
17	m	b	i	5	3	70	62
18	m	c	o	2	6	63	61
19	m	c	o	1	7	68	66
20	f	c	o	4	3	54	53
21	f		o	2	8	60	78
22	m	a	i	7	3	69	68
23	m	c	o	2	8	64	65
24	f	a	o	7	4	52	67
25	m	a	o	3	6	58	69
26	m	c	o	1	7	65	71
27	m	b	o	1	8	64	79
28	f	c	o	4	4	59	64
29	f	c	i	3	6	45	51
30	f	b	i	5	6	50	49
31	m	b	o	1	9	72	71
32	f	b	i	7	3	55	60
33	m	c	i	7	4	79	77
34	f	c	o	4	7	60	58
35	f	b	i	8	3	53	67
36	m	a	o	5	7	57	72

上記のCSVファイルを，

```
例題NA1<-read.csv("C:/Users/murai/Documents/sampleNA.csv")
```

として読み込み，下記のように中身を確認します。

```
> 例題NA1
      番号  性別  出身県  内外  テレビ  社交性  事前  事後
1     1     f     a       i     7       5       49    71
2     2     f     b       i     1       7       47    68
3     3     f     c       o     1       8       57    81
4     4     f     b       o     3       8       52    71
5     5     f     c       o     NA      9       53    61
6     6     m     a       i     6       5       63    66
7     7     f     a       o     4       6       56    70
8     8     m     c       o     5       3       65    64
9     9     m     b       o     3       5       75    74
10    10    m     a       i     4       NA      61    78
11    11    f     a       i     8       3       55    66
12    12    f     a       i     6       5       61    71
13    13    m     b       i     3       3       70    68
14    14    m     b       i     5       2       69    65
15    15    m     a       i     3       5       65    71
16    16    f     b       i     4       3       60    59
17    17    m     b       i     5       3       70    62
18    18    m     c       o     2       6       63    61
19    19    m     c       o     1       7       68    66
20    20    f     c       o     4       3       54    53
21    21    f     c       o     2       8       60    78
22    22    m     a       i     7       3       69    68
23    23    m     c       o     2       3       64    65
24    24    f     a       o     7       4       52    67
25    25    m     a       o     3       6       58    69
26    26    m     c       o     1       7       65    71
27    27    m     b       o     1       8       64    79
28    28    f     c       o     4       4       59    64
29    29    f     c       i     3       6       45    51
30    30    f     b       i     5       6       50    49
31    31    m     b       o     1       9       72    71
32    32    f     b       i     7       3       55    60
33    33    m     c       i     7       4       79    77
34    34    f     c       o     4       7       60    58
```

| 35 | 35 | f | b | i | 8 | 3 | 53 | 67 |
| 36 | 36 | m | a | o | 5 | 7 | 57 | 72 |

　CSVファイルでは3カ所に欠損値があるわけですが，番号5の女性において「テレビ」にNAの文字が，番号10の男性において「社交性」にNAの文字がある一方，番号21の女性において「出身県」は欠損値であるにも関わらず「空欄」であることが分かります。このように，量的変数か質的変数かによって，欠損値の扱いが異なっていることが伺われます（「テレビ」と「社交性」は量的変数，「出身県」は質的変数ですね）。欠損値かどうか確認するために，is.na( )を使ってみましょう。

`is.na(例題NA1)`

を実行すると，下記のように出力されます。TRUEとあるのが欠損値ということですが，番号21の女性の「出身県」はFALSEとあり欠損値とみなされていないことが分かります。欠損値ではなく「空欄」とみなされているのです。

```
> is.na(例題NA1)
       番号    性別   出身県  内外    テレビ  社交性  事前    事後
 [1,]  FALSE  FALSE  FALSE   FALSE  FALSE   FALSE   FALSE   FALSE
 [2,]  FALSE  FALSE  FALSE   FALSE  FALSE   FALSE   FALSE   FALSE
 [3,]  FALSE  FALSE  FALSE   FALSE  FALSE   FALSE   FALSE   FALSE
 [4,]  FALSE  FALSE  FALSE   FALSE  FALSE   FALSE   FALSE   FALSE
 [5,]  FALSE  FALSE  FALSE   FALSE  (TRUE)  FALSE   FALSE   FALSE
 [6,]  FALSE  FALSE  FALSE   FALSE  FALSE   FALSE   FALSE   FALSE
 [7,]  FALSE  FALSE  FALSE   FALSE  FALSE   FALSE   FALSE   FALSE
 [8,]  FALSE  FALSE  FALSE   FALSE  FALSE   FALSE   FALSE   FALSE
 [9,]  FALSE  FALSE  FALSE   FALSE  FALSE   FALSE   FALSE   FALSE
[10,]  FALSE  FALSE  FALSE   FALSE  FALSE   (TRUE)  FALSE   FALSE
[11,]  FALSE  FALSE  FALSE   FALSE  FALSE   FALSE   FALSE   FALSE
[12,]  FALSE  FALSE  FALSE   FALSE  FALSE   FALSE   FALSE   FALSE
[13,]  FALSE  FALSE  FALSE   FALSE  FALSE   FALSE   FALSE   FALSE
[14,]  FALSE  FALSE  FALSE   FALSE  FALSE   FALSE   FALSE   FALSE
[15,]  FALSE  FALSE  FALSE   FALSE  FALSE   FALSE   FALSE   FALSE
[16,]  FALSE  FALSE  FALSE   FALSE  FALSE   FALSE   FALSE   FALSE
```

```
[17,]  FALSE  FALSE  FALSE  FALSE  FALSE  FALSE  FALSE  FALSE
[18,]  FALSE  FALSE  FALSE  FALSE  FALSE  FALSE  FALSE  FALSE
[19,]  FALSE  FALSE  FALSE  FALSE  FALSE  FALSE  FALSE  FALSE
[20,]  FALSE  FALSE  FALSE  FALSE  FALSE  FALSE  FALSE  FALSE
[21,]  FALSE  FALSE (FALSE) FALSE  FALSE  FALSE  FALSE  FALSE
[22,]  FALSE  FALSE  FALSE  FALSE  FALSE  FALSE  FALSE  FALSE
[23,]  FALSE  FALSE  FALSE  FALSE  FALSE  FALSE  FALSE  FALSE
[24,]  FALSE  FALSE  FALSE  FALSE  FALSE  FALSE  FALSE  FALSE
[25,]  FALSE  FALSE  FALSE  FALSE  FALSE  FALSE  FALSE  FALSE
[26,]  FALSE  FALSE  FALSE  FALSE  FALSE  FALSE  FALSE  FALSE
[27,]  FALSE  FALSE  FALSE  FALSE  FALSE  FALSE  FALSE  FALSE
[28,]  FALSE  FALSE  FALSE  FALSE  FALSE  FALSE  FALSE  FALSE
[29,]  FALSE  FALSE  FALSE  FALSE  FALSE  FALSE  FALSE  FALSE
[30,]  FALSE  FALSE  FALSE  FALSE  FALSE  FALSE  FALSE  FALSE
[31,]  FALSE  FALSE  FALSE  FALSE  FALSE  FALSE  FALSE  FALSE
[32,]  FALSE  FALSE  FALSE  FALSE  FALSE  FALSE  FALSE  FALSE
[33,]  FALSE  FALSE  FALSE  FALSE  FALSE  FALSE  FALSE  FALSE
[34,]  FALSE  FALSE  FALSE  FALSE  FALSE  FALSE  FALSE  FALSE
[35,]  FALSE  FALSE  FALSE  FALSE  FALSE  FALSE  FALSE  FALSE
[36,]  FALSE  FALSE  FALSE  FALSE  FALSE  FALSE  FALSE  FALSE
```

●4-6-2　欠損値のあるデータからの平均値の算出

「例題NA1」について，summary( )を実行し，平均値などを算出してみます。

```
summary(例題NA1)
```

を実行すると，

```
> summary(例題NA1)
     番号           性別      出身県    内外      テレビ            社交性
 Min.   : 1.00   f:18    ○: 1    i:17   Min.   :1.000   Min.   :2.0
 1st Qu.: 9.75   m:18    a:11    o:19   1st Qu.:2.500   1st Qu.:3.0
 Median :18.50           b:12           Median :4.000   Median :5.0
 Mean   :18.50           c:12           Mean   :4.057   Mean   :5.4
 3rd Qu.:27.25                          3rd Qu.:5.500   3rd Qu.:7.0
 Max.   :36.00                          Max.   :8.000   Max.   :9.0
                                        (NA's)   :1     (NA's)   :1
```

```
        事前             事後
 Min.    :45.00   Min.    :49.0
 1st Qu. :54.75   1st Qu. :63.5
 Median  :60.00   Median  :67.5
 Mean    :60.42   Mean    :67.0
 3rd Qu. :65.00   3rd Qu. :71.0
 Max.    :79.00   Max.    :81.0
```

となります。欠損値の個数は「NA's」の部分です。「テレビ」「社交性」のところに「NA's :1」とあり，それぞれ欠損値が1個ずつあることが分かります。一方，出身県は，a，b，cの3つであるはずなのに，出身県には「NA's」はなく，「空欄」となっている人が1人存在していることが分かります。これが番号21の女性です。度数分布表を出してみましょう。

```
table(例題NA1$出身県)
```

を実行すると，

```
> table(例題NA1$出身県)

     a  b  c
 1  11 12 12
```

となり，たしかに出身県「空欄」が1人います（一番左です）。
　ここで，「テレビ」の平均値を求めようとして，

```
mean(例題NA1$テレビ)
```

を実行してみます。すると，

```
> mean(例題NA1$テレビ)
[1] NA
```

4章　記述統計

と結果が欠損値になってしまいました。「テレビ」に欠損値があるためです。このように，mean( )は，平均値算出の対象となっている変数に欠損値がある場合，何もしないと平均値が計算できないということです。

ではどうすればよいかというと，下記のように，

```
mean(例題NA1$テレビ,na.rm=TRUE)
```

を実行すると，

```
> mean(例題NA1$テレビ,na.rm=TRUE)
[1] 4.057143
```

と平均値が出てきます。「na.rm=TRUE」とは，欠損値を除外した上で計算するよう指定するものです。この「na.rm=TRUE」は，mean( )だけでなく，他の多くの関数でも使用可能です（すべての関数で，というわけではありませんが）。

あるいは，元のデータから欠損値のあるデータを削除してしまうという方法もあります。そのために，na.omit( )を用います。欠損値のあるデータを削除する関数です。

```
例題NA2<-na.omit(例題NA1)
```

を実行し，新たに作成された「例題NA2」を見てみて，たしかに欠損値のあるデータがなくなっていることを確認しましょう。

81

> 例題NA2

番号	性別	出身県	内外	テレビ	社交性	事前	事後	
1	1	f	a	i	7	5	49	71
2	2	f	b	i	1	7	47	68
3	3	f	c	o	1	8	57	81
4	4	f	b	o	3	8	52	71	← 5番目がない
6	6	m	a	i	6	5	63	66
7	7	f	a	o	4	6	56	70
8	8	m	c	o	5	3	65	64
9	9	m	b	o	3	5	75	74	← 10番目がない
11	11	f	a	i	8	3	55	66
12	12	f	a	i	6	5	61	71
13	13	m	b	i	3	3	70	68
14	14	m	b	i	5	2	69	65
15	15	m	a	i	3	5	65	71
16	16	f	b	i	4	3	60	59
17	17	m	b	i	5	3	70	62
18	18	m	c	o	2	6	63	61
19	19	m	c	o	1	7	68	66
20	20	f	c	o	4	3	54	53
21	21	f	○	o	2	8	60	78
22	22	m	a	i	7	3	69	68
23	23	m	c	o	2	8	64	65
24	24	f	a	o	7	4	52	67
25	25	m	a	o	3	6	58	69
26	26	m	c	o	1	7	65	71
27	27	m	b	o	1	8	64	79
28	28	f	c	o	4	4	59	64
29	29	f	c	i	3	6	45	51
30	30	f	b	i	5	6	50	49
31	31	m	b	o	1	9	72	71
32	32	f	b	i	7	3	55	60
33	33	m	a	i	7	4	79	77
34	34	f	c	o	4	7	60	58
35	35	f	b	i	8	3	53	67
36	36	m	a	o	5	7	57	72

　以上を見ると，番号5と番号10の人がいなくなっています。しかしながら，番号21の人は削除されずに残っていることに注意してください。

　この「例題NA2」について「テレビ」の平均値を算出してみます。

4章 記述統計

```
mean(例題NA2$テレビ)
```

を実行すると，

```
> mean(例題NA2$テレビ)
[1] 4.058824
```

となりますが，先ほどの平均値（4.057143）と微妙に値が異なることが分かります。いったい何が起こっているのでしょうか。

「例題NA1」「例題NA2」それぞれについて「テレビ」の度数分布表を出してみましょう。

```
table(例題NA1$テレビ)
table(例題NA2$テレビ)
```

を実行してみます。すると，

```
> table(例題NA1$テレビ)

1 2 3 4 5 6 7 8
6 3 6 6 5 2 5 2
> table(例題NA2$テレビ)

1 2 3 4 5 6 7 8
6 3 6 5 5 2 5 2
```

となります。上下を見比べると，「4時間」という1カ所だけ人数が異なることが分かります。「例題NA1」では6人，「例題NA2」では5人ですが，「例題NA2」では，na.omit( )の結果，番号10の人がいなくなっているのです（「社交性」が欠損値なので）。この1人がいない分，平均値が異なるのです。つまり，番号10の人の「4時間」は平均値より若干低いので，平均値より低い人が

83

1人削除された分，平均値が微妙に高くなったというわけです。「mean(…,na.rm=TRUE)」では，対象となっている変数（…の部分）に欠損値がある場合のみ，その人をはじいていたわけですが，na.omit( )では，とにかくどこかの変数に欠損値があればその人をはじいてしまうのです。

以上を表にまとめると下記のようになります。

平均値の算出法	データフレーム	除外される人	「テレビ」の平均値
mean(例題NA1$テレビ,na.rm=TRUE)	例題NA1（全員含まれている。うち2人がNA，1人が空欄）	番号5	4.057143
na.omit()を用いて「例題NA2」を作成後，mean(例題NA2$テレビ)	例題NA2（2人削除されている）	番号5，番号10	4.058824

そこで，以下のようにして，あらためて「例題NA3」を作成してみます。

```
例題NA3<-read.csv("C:/Users/murai/Documents/sampleNA.csv",na.strings="")
```

この中身を見てみましょう。

```
> 例題NA3
   番号 性別 出身県 内外 テレビ 社交性 事前 事後
1    1   f    a    i    7     5    49   71
2    2   f    b    i    1     7    47   68
3    3   f    c    o    1     8    57   81
4    4   f    b    o    3     8    52   71
5    5   f    c    o    NA    9    53   61
6    6   m    a    i    6     5    63   66
7    7   f    a    o    4     6    56   70
8    8   m    c    o    5     3    65   64
9    9   m    b    o    3     5    75   74
10  10   m    a    i    4     NA   61   78
11  11   f    a    i    8     3    55   66
12  12   f    a    i    6     5    61   71
```

84

13	13	m	b	i	3	3	70	68
14	14	m	b	i	5	2	69	65
15	15	m	a	i	3	5	65	71
16	16	f	b	i	4	3	60	59
17	17	m	b	i	5	3	70	62
18	18	m	c	o	2	6	63	61
19	19	m	c	o	1	7	68	66
20	20	f	c	o	4	3	54	53
21	21	f	<NA>	o	2	8	60	78
22	22	m	a	i	7	3	69	68
23	23	m	c	o	2	8	64	65
24	24	f	a	o	7	4	52	67
25	25	m	a	o	3	6	58	69
26	26	m	c	o	1	7	65	71
27	27	m	b	o	1	8	64	79
28	28	f	c	o	4	4	59	64
29	29	f	c	i	3	6	45	51
30	30	f	b	i	5	6	50	49
31	31	m	b	o	1	9	72	71
32	32	f	b	i	7	3	55	60
33	33	m	c	i	7	4	79	77
34	34	f	c	o	4	7	60	58
35	35	f	b	i	8	3	53	67
36	36	m	a	o	5	7	57	72

　番号21の人を見てください。出身県がNAになっていることが分かります（<>が付いていますが，質的変数の場合<>が付されます。NAでも<NA>でも欠損値であることに変わりありません）。

　このように，read.csv( )でna.strings="　"を指定することで，量的変数・質的変数ともに，空欄の場合，欠損値として読み込むことができます。「na.strings="　"」ですが，"　"の中に何も入っていない，つまり空欄なので，空欄を欠損値として読み込むように指定しているのです。例えば，もし，元のCSVファイルで，欠損値を空欄でなくピリオドで入力していたのであれば，na.strings="．"とします。

　ここで，下記のようにna.omit( )を実行します。

```
例題NA4<-na.omit(例題NA3)
```

「例題NA4」の中身を見てみましょう。

```
> 例題NA4
   番号  性別  出身県  内外  テレビ  社交性  事前  事後
1    1   f    a    i    7    5    49   71
2    2   f    b    i    1    7    47   68
3    3   f    c    o    1    8    57   81
4    4   f    b    o    3    8    52   71    ← 5番目がない
6    6   m    a    i    6    5    63   66
7    7   f    a    o    4    6    56   70
8    8   m    c    o    5    3    65   64
9    9   m    b    o    3    5    75   74    ← 10番目がない
11  11   f    a    i    8    3    55   66
12  12   f    a    i    6    5    61   71
13  13   m    b    i    3    3    70   68
14  14   m    b    i    5    2    69   65
15  15   m    a    i    3    5    65   71
16  16   f    b    i    4    3    60   59
17  17   m    b    i    5    3    70   62
18  18   m    c    o    2    6    63   61
19  19   m    c    o    1    7    68   66
20  20   f    c    o    4    3    54   53    ← 21番目がない
22  22   m    a    i    7    3    69   68
23  23   m    c    o    2    8    64   65
24  24   f    a    o    7    4    52   67
25  25   m    a    o    3    6    58   69
26  26   m    c    o    1    7    65   71
27  27   m    b    o    1    8    64   79
28  28   f    c    o    4    4    59   64
29  29   f    c    i    3    6    45   51
30  30   f    b    i    5    6    50   49
31  31   m    b    o    1    9    72   71
32  32   f    b    i    7    3    55   60
33  33   m    c    i    7    4    79   77
34  34   f    c    o    4    7    60   58
35  35   f    b    i    8    3    53   67
36  36   m    a    o    5    7    57   72
```

番号21の人も削除されていることが分かります。つまり、3人全員がデータフレームから削除されたというわけです。

これまで，「例題NA1」「例題NA2」「例題NA3」「例題NA4」，というデータフレームを作成してきました。それぞれのデータ数，つまり行数をカウントしてみましょう。nrow( )を用います。

以下の4行をまとめて実行すると，

```
nrow(例題NA1)
nrow(例題NA2)
nrow(例題NA3)
nrow(例題NA4)
```

下記のように，

```
> nrow(例題NA1)
[1] 36
> nrow(例題NA2)
[1] 34
> nrow(例題NA3)
[1] 36
> nrow(例題NA4)
[1] 33
```

と行数，つまりこの場合データ数が表示されます。以上を下表にまとめました。

データフレーム	作成方法	データ数	内容
例題NA1	元々のデータ	36	全員含まれている。うち2人NA，1人空欄。
例題NA2	例題NA2<-na.omit(例題NA1)	34	2人削除。1人空欄。したがってNAなし。
例題NA3	例題NA3<-read.csv("・・・",na.strings="")	36	全員含まれている。うち3人NA。
例題NA4	例題NA4<-na.omit(例題NA3)	33	3人削除。したがってNAなし。

ここで，上記それぞれのデータフレームについて，「テレビ」の平均値を出してみましょう。まず，「例題NA1」から計算される「テレビ」の平均値ですが，下記のように書いてみます。

```
mean(例題NA1$テレビ)
mean(例題NA1$テレビ,na.rm=TRUE)
```

上記をまとめて実行すると,

```
> mean(例題NA1$テレビ)
[1] NA
> mean(例題NA1$テレビ,na.rm=TRUE)
[1] 4.057143
```

となります。「例題NA1」には欠損値が含まれますので,「mean(例題NA1$テレビ)」では結果が出てきません。

「例題NA2」について「テレビ」の平均値を出すには,下記のようにします。

```
mean(例題NA2$テレビ)
```

上記を実行すると,

```
> mean(例題NA2$テレビ)
[1] 4.058824
```

となります。

「例題NA3」から計算される「テレビ」の平均値ですが,下記のように書いてみます。

```
mean(例題NA3$テレビ)
mean(例題NA3$テレビ,na.rm=TRUE)
```

上記をまとめて実行すると,

```
> mean(例題NA3$テレビ)
[1] NA
> mean(例題NA3$テレビ,na.rm=TRUE)
[1] 4.057143
```

となります。「例題NA3」には欠損値が含まれますので,「mean(例題NA3$テレビ)」では結果が出てきません。

「例題NA4」について「テレビ」の平均値を出すには,下記のようにします。

```
mean(例題NA4$テレビ)
```

上記を実行すると,

```
> mean(例題NA4$テレビ)
[1] 4.121212
```

となります。

　以上のように,欠損値を含むデータの分析では,データにどのような欠損値が存在するか,それら欠損値にどのように対応したか,どのようにプログラムを書いたかによって,値が変わってくることがありますので,注意が必要です。上記の例は,どのようにしても平均値がそれほど大きく異ならないケースですが,顕著に異なる場合もあり得ます。

　以上,初学者の場合,欠損値をめぐって戸惑うケースがありますので,具体例をもとに細かい点まで説明しましたが,かえって混乱する可能性もあるかもしれません。その場合は,欠損値対応の最も単純な方法として,データ入力の際,欠損値は空欄にせず,はじめからNAと入力しておくことをお勧めします。Excelなどでデータ入力をする場合,欠損値は空欄にすることが多いと思いますが(それゆえ上記のような説明をしてきましたが),空欄ではなく明示的にNAと入力する習慣をつけるとよいでしょう。

●4-6-3 欠損値のあるデータからの相関係数の算出

次に，欠損値のあるデータから相関係数を算出するケースについて説明します。これまで作成した「例題NA1」「例題NA2」「例題NA3」「例題NA4」について，「社交性」と「テレビ」の相関係数を算出することを考えます。

「例題NA1」について，「社交性」と「テレビ」の相関係数を算出するために，下記のように書きます。

```
cor(例題NA1$社交性,例題NA1$テレビ)
```

これを実行すると，

```
> cor(例題NA1$社交性,例題NA1$テレビ)
[1] NA
```

と相関係数が算出されません。「例題NA1」には，「テレビ」と「社交性」に1つずつ欠損値があったのでしたね。そこで下記のように書きます。

```
cor(例題NA1$社交性,例題NA1$テレビ,use="complete.obs")
```

これを実行すると，

```
> cor(例題NA1$社交性,例題NA1$テレビ,use="complete.obs")
[1] -0.7111767
```

と相関係数が算出されます。mean( )については欠損値を除外して計算するには「na.rm=TRUE」と付けると書きましたが，cor( )では「use="complete.obs"」と書きます。complete observation＝完全なオブザベーション＝欠損値のある人を除く，ということです[9]。

> [9]：81ページで，「na.rm=TRUE」は，mean()だけでなく他の多くの関数でも使用可能であるがすべての関数でというわけではないことを記述しましたが，このcor()が該当します。

次に「例題NA2」を用いて，

```
cor(例題NA2$社交性,例題NA2$テレビ)
```

と書き実行すると，

```
> cor(例題NA2$社交性,例題NA2$テレビ)
[1] -0.7111767
```

となり，先と同じ値です。なぜなら，「例題NA2」は欠損値を除いたデータフレームだからです。

「例題NA3」について下記のように書いたらどうなるでしょうか。

```
cor(例題NA3$社交性,例題NA3$テレビ)
```

これを実行すると，

```
> cor(例題NA3$社交性,例題NA3$テレビ)
[1] NA
```

となってしまいます。「例題NA3」には，欠損値が含まれているからです。

「例題NA4」についてはどうでしょうか。

```
cor(例題NA4$社交性,例題NA4$テレビ)
```

と書いて実行すると，

```
> cor(例題NA4$社交性,例題NA4$テレビ)
[1] -0.7015083
```

と相関係数が算出されますが，先ほどの値（-0.7111767）と異なっています。「例題NA4」では番号21の人も除外されているからです。

4-7　4章で学んだこと

4章では，主に以下のことを学びました。

・データの図表化。
→ヒストグラムの作成にはhist()，散布図の作成にはplot()，度数分布表，クロス集計表の作成にはtable()，棒グラフの作成にはbarplot()，をそれぞれ用いました。

・基本統計量の算出。
→基本統計量などデータについての全体的な情報を得るためにsummary()，平均値の算出のためにmean()，標準偏差の算出のためにsd()，中央値の算出のためにmedian()，をそれぞれ用いました。また，それらの値を属性別に算出するために，tapply()，by()を用いました。

・相関係数の算出。
→共分散の算出のためにcov()，相関係数の算出のためにcor()を用いました。

・欠損値のあるデータの処理方法を中心とするデータの取り扱い。
→データ例をもとに，平均値の算出，相関係数の算出について，欠損値のあるデータに対しRがどのような処理をするかという点を説明しました。

以上4章では，Rによる記述統計の基本，欠損値のあるデータの処理方法を中心とするデータの取り扱いについて学びました。これを踏まえ，次の5章では，検定の説明に入っていきます。

5章　相関係数の検定・t検定・カイ２乗検定

5-1　5章で学ぶこと

> 4章では記述統計の説明をしましたが，5章では**推測統計**の中でもしばしば用いられる**統計的検定**（本書では**検定**と略記）の説明をしていきます。本章で取り上げる検定は以下になります。
>
> ・相関係数の検定。
> ・対応のない場合のt検定。
> ・対応のある場合のt検定。
> ・カイ２乗検定。

5-2　相関係数の検定

　cor( )では相関係数の値は算出されるものの，p値は出てきませんでした。**相関係数の検定**のためには，cor.test( )を用います[1]。直前まで欠損値のあるデータについて説明していましたが，これ以降元に戻って，対象とするデータは，再び「例題」とします。データの読み込みは，「例題<-read.csv("C:/Users/murai/Documents/sample.csv")」の一文をRエディタで書き，実行するのでしたね。

　★1：cor.test( )では，欠損値を含んだ人のデータは自動的に削除されます。

「社交性」と「テレビ」の相関係数の検定をするには下記のように書きます。cor( )と同じように，相関係数を算出したい二変数を並べます。

```
cor.test(例題$社交性,例題$テレビ)
```

これを実行すると,

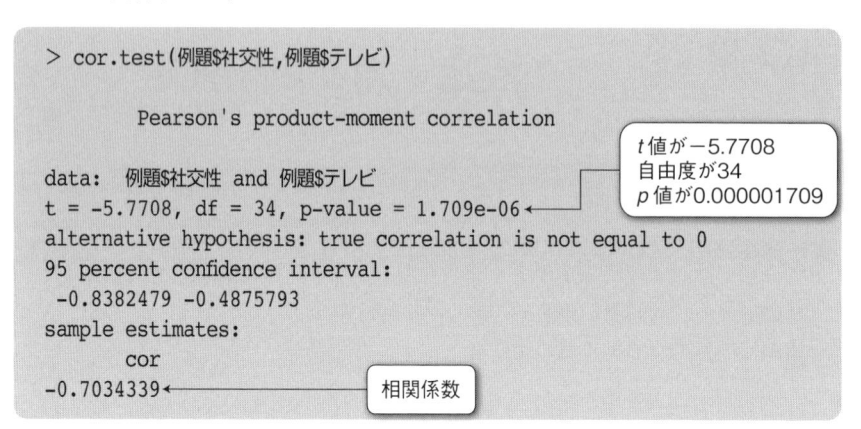

```
> cor.test(例題$社交性,例題$テレビ)

        Pearson's product-moment correlation

data:  例題$社交性 and 例題$テレビ
t = -5.7708, df = 34, p-value = 1.709e-06   ← t値が−5.7708
alternative hypothesis: true correlation is not equal to 0    自由度が34
95 percent confidence interval:                               p値が0.000001709
 -0.8382479 -0.4875793
sample estimates:
      cor
-0.7034339   ← 相関係数
```

と出力されます。相関係数の値−0.7034339とともに,t値が−5.7708,自由度が34,p値が1.709e−06であることが読み取れます。p値は1.709の10のマイナス6乗（＝小数点を左に6個動かす）,つまり0.000001709という極めて小さい値であり**有意**です（以下すべて**有意水準**は5％とします）。

なお,cor.test( )では,3つ以上の変数間の相関係数の検定ができません[2]。3つ以上の変数間の相関係数の検定を行いたい場合,psychパッケージのcorr.test( )を用いるとよいでしょう[3]。パッケージの使用方法については,分散分析の章で説明します（113ページ参照）。Rでは,「○○ができない」というように何らかの不便があっても,パッケージを用いることで解決できることがたくさんあります。

[2]: 71ページで述べたように,cor( )では複数の変数間の相関係数をまとめて算出できました。
[3]: 関数名ですが「r」が2つです。使用法は,山田・村井・杉澤（2015）を参照。

5-3 対応のない場合の t 検定

「例題」において,「性別」によって「テレビ」の平均値が異なるか,**対応のない場合の t 検定**を行ってみましょう。

まず慣例に従い,t 検定の前提条件の確認として**等分散性の検定**を行います。このためにはvar.test( )を用います。**F 検定**を実行するための関数です。下記の「~」は「チルダ」という記号で,Shiftキーを押しながら「^」キーを押すと表

5章 相関係数の検定・t検定・カイ２乗検定

示されます．

```
var.test(例題$テレビ~例題$性別)
```

と書き実行すると，

```
> var.test(例題$テレビ~例題$性別)

        F test to compare two variances

data:  例題$テレビ by 例題$性別
F = 1.2555, num df = 17, denom df = 17, p-value = 0.6442
alternative hypothesis: true ratio of variances is not equal to 1
95 percent confidence interval:
 0.4696519 3.3563834
sample estimates:
ratio of variances
          1.255521
```

F値が1.2555
自由度が(17,17)
p値が0.6442

上記より，F値が1.2555，自由度が(17,17)，p値が0.6442なので有意ではありません[4]．したがって等分散であるとみなして，対応のない場合のt検定を行います．このためには下記のようにt.test( )を用います．

[4]：以下，F分布を用いた検定での自由度の表記は（分子の自由度，分母の自由度）とします．

```
t.test(例題$テレビ~例題$性別,var.equal=TRUE)
```

これを実行すると，

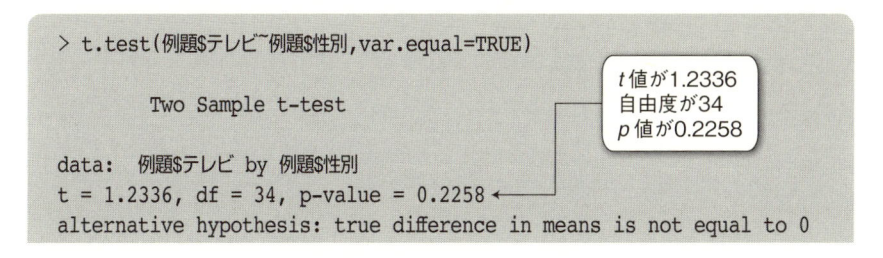

```
> t.test(例題$テレビ~例題$性別,var.equal=TRUE)

        Two Sample t-test

data:  例題$テレビ by 例題$性別
t = 1.2336, df = 34, p-value = 0.2258
alternative hypothesis: true difference in means is not equal to 0
```

t値が1.2336
自由度が34
p値が0.2258

```
 95 percent confidence interval:
  -0.5755188  2.3532966
 sample estimates:
 mean in group f mean in group m
        4.444444        3.555556
```

と出力され,t値が1.2336,自由度が34,p値が0.2258なので,男女差は有意ではありませんでした。

「t.test(例題$テレビ~例題$性別,var.equal=TRUE)」の中の「var.equal=TRUE」の部分は,等分散性の仮定が満たされていることを明示的に指定するものです。これを書かないと,t.test( )はデフォルトで**ウェルチの検定**（等分散性が満たされない場合のt検定）を実行します。

なお,「例題$テレビ~例題$性別」の書き方ですが,「~」の左右を逆にするとエラーになります。この場合「性別」が右側に「テレビ」が左側に来ます[5]。

[5]：これと同じような書き方は,6章の分散分析でも出てきます。

5-4 対応のある場合のt検定

同様に,「例題」において,「事前」「事後」の変化について,**対応のある場合のt検定**を行ってみましょう。学習によりテスト得点が有意に変化したかどうか,確認するということです。このためには,対応のない場合のt検定と同様,t.test( )を用います。以下の「paired=TRUE」は,対応がある,ということを指定しています。

```
 t.test(例題$事前,例題$事後,paired=TRUE)
```

と書いて実行すると,

```
 > t.test(例題$事前,例題$事後,paired=TRUE)
```

```
        Paired t-test

data:  例題$事前 and 例題$事後
t = -4.5286, df = 35, p-value = 6.603e-05
alternative hypothesis: true difference in means is not equal to 0
95 percent confidence interval:
 -9.534536 -3.632131
sample estimates:
mean of the differences
            -6.583333
```

*t*値が−4.5286
自由度が35
*p*値が0.00006603

と出力されます。*t*値が−4.5286, 自由度が35, *p*値が6.603e−05, つまり0.00006603なので有意です。参考までに,

```
t.test(例題$事後,例題$事前,paired=TRUE)
```

のように,「事前」「事後」の順序を入れ替えて実行しても,

```
> t.test(例題$事後,例題$事前,paired=TRUE)

        Paired t-test

data:  例題$事後 and 例題$事前
t = 4.5286, df = 35, p-value = 6.603e-05
alternative hypothesis: true difference in means is not equal to 0
95 percent confidence interval:
 3.632131 9.534536
sample estimates:
mean of the differences
             6.583333
```

と,「事前」「事後」という順序にした場合と比較して, 差得点の平均値（mean of the differences）と*t*値がプラスマイナス逆転しているだけで, 検定結果はまったく同じになります (*p*値は変わりません)。

5-5 カイ2乗検定

以上は，量的変数に関する検定でしたが，ここでは2つの質的変数間の連関に関する検定として，**カイ2乗検定**について説明しましょう。

「例題」において，「出身県」（a県，b県，c県）と「内外」（インドア派（i），アウトドア派（o））の連関について見てみましょう。まずクロス集計表を作成してみます。

```
table(例題$出身県,例題$内外)
```

これを実行すると，

```
> table(例題$出身県,例題$内外)

    i  o
  a 7  5
  b 8  4
  c 2 10
```

と出力されます。c県のoの人数が多いことが分かります。

カイ2乗検定には，chisq.test( )を用います。

```
chisq.test(例題$出身県,例題$内外)
```

と書いて実行すると，

```
> chisq.test(例題$出身県,例題$内外)

        Pearson's Chi-squared test

data:  例題$出身県 and 例題$内外
X-squared = 6.9102, df = 2, p-value = 0.03158
```

> カイ2乗値が6.9102
> 自由度が2
> p 値が0.03158

と出てきます。カイ2乗値が6.9102, 自由度が2, p 値が0.03158なので有意です。

なお，2×2のクロス集計表の場合，chisq.test(…,correct=FALSE)というように「correct=FALSE」をつけることがありますが，これは**連続性の補正**をしないという意味です。chisq.test( )は，2×2のクロス集計表については，デフォルトで連続性の補正をするので，それをしない場合にこう書きます。

5-6　5章で学んだこと

5章では，主に以下のことを学びました。

・相関係数の検定。
→cor.test()を用いました。

・対応のない場合の t 検定。
→t.test()を用いました。あわせて，等分散性の検定としてvar.test( )も説明しました。

・対応のある場合の t 検定。
→t.test(…,paired=TRUE)を用いました。

・カイ2乗検定。
→chisq.test()を用いました。

次の6章では，同じく検定として，分散分析の説明に入っていきます。

6章　分散分析

6-1　6章で学ぶこと

6章では，以下のように**分散分析**のいろいろなケースについて学んでいきます。これまで，データは一貫して「例題」を用いてきましたが，これ以降は別のデータを用います。下表のように，各節ごとに異なるデータを用いていきますので，節ごとにデータを作成するようにしてください。また，これまでは，はじめてRに触れるということを想定して各所で日本語を用いてきましたが，ある程度慣れてきたと思いますので，以降は変数名などについて英語を用いることにします。

節	内容	データ
6-2	1要因分散分析（対応なし）	anova1.csv
6-3	1要因分散分析（対応あり）	anova2a.csv
6-4	1要因分散分析（対応あり）～データの並べ替えを伴う場合	anova2b.csv
6-5	2要因分散分析（2要因とも対応なし）	anova3a.csv
6-6	2要因分散分析（2要因とも対応あり）	anova4a.csv
6-7	2要因分散分析（2要因とも対応あり）～データの並べ替えを伴う場合	anova4b.csv
6-8	2要因分散分析（混合計画）	anova5a.csv
6-9	2要因分散分析（混合計画）～データの並べ替えを伴う場合	anova5b.csv
6-10	アンバランスデザインの分散分析	anova3b.csv

6-2　1要因分散分析（対応なし）

本節で取り上げるデータ例は下記です。「所属クラブ」（テニス部，サッカー部，野球部）によって「睡眠時間」（time）が異なるか，**1要因分散分析（対応なし）**を行ってみましょう。それぞれの人はいずれか1つのクラブに所属しているの

で，対応のない要因です．

number	club	time
1	tennis	8
2	tennis	7
3	soccer	6
4	soccer	6
5	soccer	5
6	baseball	6
7	baseball	7
8	soccer	5
9	baseball	6
10	tennis	5
11	baseball	5
12	soccer	6
13	tennis	8
14	baseball	6
15	baseball	5
16	soccer	5
17	tennis	7
18	soccer	5
19	tennis	8
20	tennis	6
21	baseball	6
22	tennis	7
23	tennis	7
24	tennis	6
25	baseball	7
26	baseball	6
27	baseball	7
28	soccer	5
29	soccer	6
30	soccer	5

　上記をanova1.csvという名前でドキュメント（C:/Users/murai/Documents）に保存したとします．このデータを読み込んでみましょう．

```
sleep1<-read.csv("C:/Users/murai/Documents/anova1.csv")
```

ですね。ここでは省略しますが、データファイルの読み込み後、読み込まれた中身をその都度確認しておくことをお勧めします[1]。

[1]：以下についても同様、適宜省略します。データの中身を確認する方法としては、この場合「sleep1」と書きEnterを押すだけです。

まず、所属クラブごとに平均値を算出してみましょう。4章で紹介したtapply( )を用います。

```
tapply(sleep1$time,sleep1$club,mean)
```

を実行すると，

```
> tapply(sleep1$time,sleep1$club,mean)
baseball   soccer    tennis
    6.1      5.4       6.9
```

と出力されます。テニス部の睡眠時間の平均値が最長であることが分かります。分散分析の実行前、このようにまず平均値を確認しておくとよいと思います。基本統計量の算出は、分析の基礎的段階です。

所属クラブごとに標準偏差も算出しておきましょう。

```
tapply(sleep1$time,sleep1$club,sd)
```

を実行すると，

```
> tapply(sleep1$time,sleep1$club,sd)
  baseball    soccer     tennis
 0.7378648 0.5163978 0.9944289
```

と出力されます。

分散分析のためには、いくつかの関数が用意されていますが、ここではaov( )を用います。

```
aov(sleep1$time~sleep1$club)
```

と書きます。~の右側に**要因**（この場合「所属クラブ」）を，左側に**従属変数**（この場合「睡眠時間」）を書きます。「aov(従属変数~要因)」ということです。

これを実行すると，下記のように出力されます。

```
> aov(sleep1$time~sleep1$club)
Call:
   aov(formula = sleep1$time ~ sleep1$club)

Terms:
                sleep1$club  Residuals
Sum of Squares     11.26667   16.20000
Deg. of Freedom           2         27

Residual standard error: 0.7745967
Estimated effects may be unbalanced
```

上記には，F値など必要な情報が出てきませんので，分散分析においてaov( )のみを使用することは実際にはほとんどないでしょう。そうではなく，下記のようにsummary( )をあわせて用いることが一般的です。

```
summary(aov(sleep1$time~sleep1$club))
```

と，aov(sleep1$time~sleep1$club)をsummary( )の中に入れるのです。これを実行すると，

```
> summary(aov(sleep1$time~sleep1$club))
            Df Sum Sq Mean Sq F value   Pr(>F)
sleep1$club  2  11.27   5.633   9.389 0.000803 ***
Residuals   27  16.20   0.600
---
Signif. codes:  0 '***' 0.001 '**' 0.01 '*' 0.05 '.' 0.1 ' ' 1
```

F値が9.389
自由度が(2,27)
p値が0.000803

と分散分析の結果の記述に必要な情報が出てきます。F値が9.389，自由度が

(2,27)[★2]，p値が0.000803なので有意です。

> [★2]：自由度の（○，○）という表記ですが，95ページのvar.test()のところで述べた通り，本書では（分子の自由度，分母の自由度）を意味するものとします。文章で書けば，この場合「分子の自由度が2，分母の自由度が27」ということになります。

有意だったので**多重比較**を行います。本書では**テューキーのHSD法**を用いることにします。下記のように，先ほどのsummary( )の部分をTukeyHSD( )に置き換えます。

```
TukeyHSD(aov(sleep1$time~sleep1$club))
```

これを実行すると，

```
> TukeyHSD(aov(sleep1$time~sleep1$club))
  Tukey multiple comparisons of means
    95% family-wise confidence level

Fit: aov(formula = sleep1$time ~ sleep1$club)

$`sleep1$club`
                  diff         lwr       upr     p adj
soccer-baseball  -0.7 -1.55889548 0.1588955 0.1264965
tennis-baseball   0.8 -0.05889548 1.6588955 0.0715263
tennis-soccer     1.5  0.64110452 2.3588955 0.0005236
```

と出力されます。「サッカー部」と「野球部」の差（p値は0.1264965），「テニス部」と「野球部」の差（p値は0.0715263）は有意ではありませんが，「テニス部」と「サッカー部」の差（p値は0.0005236）は有意であることが分かります。

「summary(aov(従属変数~要因))」を実行すると，対象としているデータに欠損値がありそこがNAとなっている場合には，出力に「○ observations deleted due to missingness」と表示されます（実際には○の部分に数字が入ります）。つまりRは，NAのところを自動的に削除した上で，結果を返してきます。ですので，ここでもやはり，欠損値にはあらかじめNAと入れておくことをお勧めします（89ページ参照）。[★3]

★3：なお，もし要因に該当する変数に欠損値があり（本節の例で言えば「所属クラブ」に欠損値がある場合），そこをNAではなく空欄にしておくと，削除されません。4章で述べたように，空欄という1つの水準として処理されます。

6-3 1要因分散分析（対応あり）

本節で取り上げるデータ例は下記です。「実験条件」（音楽あり，香りあり，何もなし）によって「成績」（grade）が異なるか，**1要因分散分析（対応あり）** を行ってみましょう。すべての研究参加者が3条件すべてを経験しているので，対応ありの要因です。データの入力形式ですが，1人の研究参加者につき3行あることに注意してください。

number	condition	grade
1	music	8
1	fragrance	7
1	no	6
2	music	5
2	fragrance	4
2	no	4
3	music	7
3	fragrance	6
3	no	5
4	music	8
4	fragrance	7
4	no	8
5	music	6
5	fragrance	4
5	no	2
6	music	5
6	fragrance	3
6	no	1
7	music	8
7	fragrance	7
7	no	7

8	music	6
8	fragrance	7
8	no	4
9	music	6
9	fragrance	4
9	no	3
10	music	7
10	fragrance	5
10	no	6

　上記をanova2a.csvという名前でドキュメント（C:/Users/murai/Documents）に保存したとします。このデータを読み込んでみましょう。

```
task1<-read.csv("C:/Users/murai/Documents/anova2a.csv")
```

ですね。
　まず，実験条件ごとに平均値・標準偏差を算出してみましょう。

```
tapply(task1$grade,task1$condition,mean)
tapply(task1$grade,task1$condition,sd)
```

を実行すると，

```
> tapply(task1$grade,task1$condition,mean)
fragrance     music        no
     5.4       6.6       4.6
> tapply(task1$grade,task1$condition,sd)
fragrance     music        no
 1.577621  1.173788  2.221111
```

と出力されます。
　1要因分散分析（対応あり）を行う前に，変数「number」について，2章で説明した「データの型」を確認しておく必要があります。1要因分散分析（対

応なし）においても「number」はありましたが，分析には直接用いませんでした。しかし，本節の1要因分散分析（対応あり）では，対応ありの要因があることを「number」を用いて指定する，つまり「number」を分析に直接用います。この場合，「number」が数値型ですと，別の分析（108ページ参照）が実行されてしまいますので，あらかじめ要因型に変換しておく必要があります。このように，分散分析で対応のある要因を扱う際，研究参加者の番号を数字で入力している場合には，その変数を要因型に変換することを忘れないでください。この点にわずらわされたくない場合は，研究参加者の番号を「s1」「s2」「s3」などと文字で始まる通し番号で入力しておくのがよいと思いますが，実際の入力では，通し番号の数字として入力する場合が多いと思いますので，このような説明をしています。本節のデータ例の場合，もし，「number」の入力が数字ではなく，上から「a」「a」「a」「b」「b」「b」「c」「c」「c」・・・のように文字で入力されていれば，read.csv( )で読み込めばそのまま要因型になりますので，以下で書いている要因型への変換作業は不要です。

　それでは，データフレームにある「number」の中身について見ておきます。

```
task1$number
```

と書いて実行すると，

```
> task1$number
 [1]  1  1  1  2  2  2  3  3  3  4  4  4  5  5  5  6  6  6  7  7  7  8  8
[24]  8  9  9  9 10 10 10
```

と出てきます。これは「number」が数値型であることを示しています。class( )を用いてみると，

```
> class(task1$number)
[1] "integer"
```

となります。integer（整数型）は，numeric（数値型）に含まれますから，「number」は数値であり，要因型ではありません。

このままの状態で分散分析を行うと，エラーは出ないものの，共分散分析という別の分析をしてしまうことになってしまいますので，要因型に変換します。25ページで説明したように，factor( )を使って，「number」を，要因型である「number2」に変換してみましょう。

```
task1$number2<-factor(task1$number)
```

と書きます。「number」に対してfactor( )を適用し（右辺），それを左辺に代入する，つまりデータフレーム「task1」に「number2」という，「number」を要因型に変換した変数を追加する，という意味になります。上記を実行した後，下記のように「task1」の中身を確認し，新しい変数「number2」が追加されていることを確認してみましょう。

```
> task1
   number condition grade number2
1       1     music     8       1
2       1  fragrance    7       1
3       1        no     6       1
4       2     music     5       2
5       2  fragrance    4       2
6       2        no     4       2
7       3     music     7       3
8       3  fragrance    6       3
9       3        no     5       3
10      4     music     8       4
11      4  fragrance    7       4
12      4        no     8       4
13      5     music     6       5
14      5  fragrance    4       5
15      5        no     2       5
16      6     music     5       6
17      6  fragrance    3       6
18      6        no     1       6
19      7     music     8       7
```

```
20     7  fragrance   7   7
21     7         no   7   7
22     8      music   6   8
23     8  fragrance   7   8
24     8         no   4   8
25     9      music   6   9
26     9  fragrance   4   9
27     9         no   3   9
28    10      music   7  10
29    10  fragrance   5  10
30    10         no   6  10
```

上記のように，たしかに「number2」が追加されています。「number2」の中身を見ると，

```
> task1$number2
 [1] 1  1  1  2  2  2  3  3  3  4  4  4  5  5  5  6  6  6  7  7  7  8  8
[24] 8  9  9  9 10 10 10
Levels: 1 2 3 4 5 6 7 8 9 10
```

となります。「number」のときにはなかった「Levels: 1 2 3 4 5 6 7 8 9 10」が加わっていることが分かりますね。「number2」が要因型であることを意味します。class( )で確認すると，

```
> class(task1$number2)
[1] "factor"
```

と，たしかに要因型になっています。これで分散分析の準備が整ったので，

```
summary(aov(task1$grade~task1$condition+task1$number2))
```

と書き実行します。「summary(aov(従属変数~要因+個人差要因))」ということです。上記の~の右側ですが，1要因（対応なし）の場合より長くなっていますが，独立変数である「condition」に加えて，研究参加者を示す「number2」

が含まれています。

これを実行すると，

> F値が13.96
> 自由度が(2,18)
> p値が0.000219

```
> summary(aov(task1$grade~task1$condition+task1$number2))
                Df Sum Sq Mean Sq F value   Pr(>F)
task1$condition  2  20.27  10.133   13.96 0.000219 ***
task1$number2    9  66.13   7.348   10.12 2.09e-05 ***
Residuals       18  13.07   0.726
---
Signif. codes:  0 '***' 0.001 '**' 0.01 '*' 0.05 '.' 0.1 ' ' 1
```

となります。F値が13.96，自由度が(2,18)，p値が0.000219なので有意です。

有意だったので，対応なしの場合と同様の方法で，テューキーのHSD法による多重比較を行います。

```
TukeyHSD(aov(task1$grade~task1$condition+task1$number2))
```

を実行すると，

```
> TukeyHSD(aov(task1$grade~task1$condition+task1$number2))
  Tukey multiple comparisons of means
    95% family-wise confidence level

Fit: aov(formula = task1$grade ~ task1$condition + task1$number2)

$`task1$condition`
                 diff        lwr        upr     p adj
music-fragrance   1.2  0.2275448  2.1724552 0.0145859
no-fragrance     -0.8 -1.7724552  0.1724552 0.1180524
no-music         -2.0 -2.9724552 -1.0275448 0.0001535

$`task1$number2`
          diff         lwr        upr     p adj
2-1 -2.666667e+00 -5.1608992 -0.1724341 0.0306601
3-1 -1.000000e+00 -3.4942325  1.4942325 0.8992540
4-1  6.666667e-01 -1.8275659  3.1608992 0.9913656
5-1 -3.000000e+00 -5.4942325 -0.5057675 0.0116058
```

6-1	-4.000000e+00	-6.4942325	-1.5057675	0.0006122
7-1	3.333333e-01	-2.1608992	2.8275659	0.9999612
8-1	-1.333333e+00	-3.8275659	1.1608992	0.6594904
9-1	-2.666667e+00	-5.1608992	-0.1724341	0.0306601
10-1	-1.000000e+00	-3.4942325	1.4942325	0.8992540
3-2	1.666667e+00	-0.8275659	4.1608992	0.3817578
4-2	3.333333e+00	0.8391008	5.8275659	0.0043289
5-2	-3.333333e-01	-2.8275659	2.1608992	0.9999612
6-2	-1.333333e+00	-3.8275659	1.1608992	0.6594904
7-2	3.000000e+00	0.5057675	5.4942325	0.0116058
8-2	1.333333e+00	-1.1608992	3.8275659	0.6594904
9-2	-8.881784e-16	-2.4942325	2.4942325	1.0000000
10-2	1.666667e+00	-0.8275659	4.1608992	0.3817578
4-3	1.666667e+00	-0.8275659	4.1608992	0.3817578
5-3	-2.000000e+00	-4.4942325	0.4942325	0.1835021
6-3	-3.000000e+00	-5.4942325	-0.5057675	0.0116058
7-3	1.333333e+00	-1.1608992	3.8275659	0.6594904
8-3	-3.333333e-01	-2.8275659	2.1608992	0.9999612
9-3	-1.666667e+00	-4.1608992	0.8275659	0.3817578
10-3	0.000000e+00	-2.4942325	2.4942325	1.0000000
5-4	-3.666667e+00	-6.1608992	-1.1724341	0.0016176
6-4	-4.666667e+00	-7.1608992	-2.1724341	0.0000934
7-4	-3.333333e-01	-2.8275659	2.1608992	0.9999612
8-4	-2.000000e+00	-4.4942325	0.4942325	0.1835021
9-4	-3.333333e+00	-5.8275659	-0.8391008	0.0043289
10-4	-1.666667e+00	-4.1608992	0.8275659	0.3817578
6-5	-1.000000e+00	-3.4942325	1.4942325	0.8992540
7-5	3.333333e+00	0.8391008	5.8275659	0.0043289
8-5	1.666667e+00	-0.8275659	4.1608992	0.3817578
9-5	3.333333e-01	-2.1608992	2.8275659	0.9999612
10-5	2.000000e+00	-0.4942325	4.4942325	0.1835021
7-6	4.333333e+00	1.8391008	6.8275659	0.0002363
8-6	2.666667e+00	0.1724341	5.1608992	0.0306601
9-6	1.333333e+00	-1.1608992	3.8275659	0.6594904
10-6	3.000000e+00	0.5057675	5.4942325	0.0116058
8-7	-1.666667e+00	-4.1608992	0.8275659	0.3817578
9-7	-3.000000e+00	-5.4942325	-0.5057675	0.0116058
10-7	-1.333333e+00	-3.8275659	1.1608992	0.6594904
9-8	-1.333333e+00	-3.8275659	1.1608992	0.6594904
10-8	3.333333e-01	-2.1608992	2.8275659	0.9999612
10-9	1.666667e+00	-0.8275659	4.1608992	0.3817578

となります。「`$task1$condition`」のところを見てください。「音楽あり」と「香りあり」の間（p値は0.0145859）,「何もなし」と「音楽あり」の間（p値は0.0001535）が有意で,「何もなし」と「香りあり」の間（p値は0.1180524）は有意でないことが分かります。なお,「`$task1$number2`」の部分が長いですが,ここでは研究参加者間の平均値の比較をしています。通常は関心のない部分です。

6-4 1要因分散分析（対応あり）～データの並べ替えを伴う場合

　本節で取り上げるデータ例は下記です。前節とデータの値はすべて同じなのですが,データの入力形式が異なっており,1人の研究参加者につき1行になっています。このデータについて,1要因分散分析（対応あり）を行ってみましょう。前節のように1人のデータを逐一改行して3行にするよりも,下記のように1人を1行にまとめてしまう方が,実際の入力としては自然でしょうし,また,変数が多くあって,そのうちのいくつかが対応ありの要因になっているのであれば,前節のような形でデータを作成できません。そこで,本節のようにデータを並べ替える方法について知っておく必要が出てきます。

number	music	fragrance	no
1	8	7	6
2	5	4	4
3	7	6	5
4	8	7	8
5	6	4	2
6	5	3	1
7	8	7	7
8	6	7	4
9	6	4	3
10	7	5	6

　上記をanova2b.csvという名前でドキュメント（C:/Users/murai/Documents）に保存したとします。このデータを読み込んでみましょう。

```
task2<-read.csv("C:/Users/murai/Documents/anova2b.csv")
```

ですね。

　このデータを，前節のデータのように並べ替えることを考えます。つまり，1人の研究参加者につき3行にするのです。横に長いデータを縦に長いデータに並べ替えるということです。そのために，パッケージ[★4]をインストールします。Rに標準で装備されている機能に新しい機能を加える**パッケージ**というものが非常に多く用意されているのですが，それをインストールして使用するのです。ここでは，データの並べ替えのために**reshape**パッケージを使ってみます。

　　★4：「パッケージ」という言葉自体は，4章，5章ですでに出てきました。

　パッケージのインストール方法について説明します。まず，パソコンがインターネットに接続されていることを確認してください。その後，R Consoleにて，プロンプト（>）の後に，

```
install.packages("reshape")
```

と入力しEnterを押すと（もちろん，Rエディタで書いて実行してもよいです），以下のように，どこからダウンロードするか尋ねられますので，日本のどこか，例えば「Japan(Tokyo)」を選択しOKをクリックしてください。ダウンロードされます。

ダウンロードしただけでは使えません。パッケージを使う前に，下記の一文をR Consoleに入力しEnterを押します（Rエディタでの実行も可です）。

library(reshape)

これでreshapeパッケージが使用可能になりました。以下どんなことをするのか，下に図で示しておきます。前節のデータ（図左側）は，本節（図右側）に比べて縦長であることが分かります。本節のデータはより横長です。

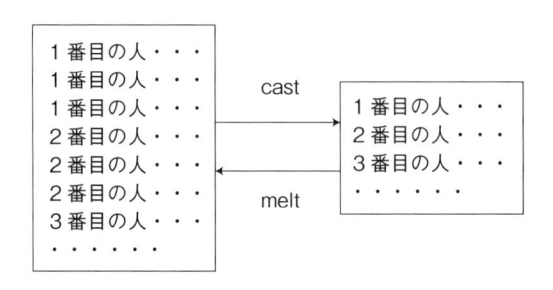

なお，reshapeパッケージについては，作者のサイトで，動画で使用法を知ることができます。

http://had.co.nz/reshape/french-fries-demo.html

にアクセスし，見てみてください。

まず，前節と同様，下記のように「number」を要因型の「number2」に変換します。

```
task2$number2<-factor(task2$number)
```

を実行するのでしたね。

これからデータを並べ替えるわけですが，不要な変数を削除しておきましょう。「number」はもはや不要なので，それ以外の変数のみ残し，新たに「task3」というデータフレームを作ります。そのためには，

```
task3<-task2[,c("number2","music","fragrance","no")]
```

と書き実行します。「number」以外の4変数を並べるのです。「task2」と「task3」を比べてみましょう。「task2」では，

```
> task2
   number music fragrance no number2
1       1     8         7  6       1
2       2     5         4  4       2
3       3     7         6  5       3
4       4     8         7  8       4
5       5     6         4  2       5
6       6     5         3  1       6
7       7     8         7  7       7
8       8     6         7  4       8
9       9     6         4  3       9
10     10     7         5  6      10
```

と「number」がありますが，「task3」では，

```
> task3
   number2 music fragrance no
1        1     8         7  6
2        2     5         4  4
3        3     7         6  5
4        4     8         7  8
5        5     6         4  2
6        6     5         3  1
7        7     8         7  7
8        8     6         7  4
9        9     6         4  3
10      10     7         5  6
```

と，「number」が削除されていることが分かります。なお，上記で「task3<-task2[,c("number2","music","fragrance","no")]」と書いたところは，「task3<-task2[,c(5,2,3,4)]」としてもできます。この意味は，「task2」の，5番目の変数（number2），2番目の変数（music），3番目の変数（fragrance），4番目の変数（no）を取り出して「task3」に代入するということです。「task2[,c(5,2,3,4)]」の部分をよく見ると，「データフレーム名[,]」となっていますが，これは「データフレーム名[行,列]」ということです。この場合「,」の前に何もないので，行については限定しない，つまりすべての行を取り出すという指定をしており，列については「c(5,2,3,4)」（順に5列目，2列目，3列目，4列目）という限定をしています。

それでは「task3」のデータを並べ替えましょう（その後に分散分析をします）。reshapeパッケージのmelt()を下記のように書きます。

```
task4<-melt(task3,id="number2")
```

上記を実行すると，「task4」ができるわけですが，その中身は，

```
> task4
   number2 variable value
1        1    music     8
2        2    music     5
3        3    music     7
4        4    music     8
5        5    music     6
6        6    music     5
7        7    music     8
8        8    music     6
9        9    music     6
10      10    music     7
11       1 fragrance    7
12       2 fragrance    4
13       3 fragrance    6
14       4 fragrance    7
15       5 fragrance    4
16       6 fragrance    3
17       7 fragrance    7
18       8 fragrance    7
19       9 fragrance    4
20      10 fragrance    5
21       1       no     6
22       2       no     4
23       3       no     5
24       4       no     8
25       5       no     2
26       6       no     1
27       7       no     7
28       8       no     4
29       9       no     3
30      10       no     6
```

と，前節のように縦長のデータに並べ替えられていることが分かります。並び順は違いますが，1人につき3行になっていますね。ただ，変数名が自動的に「number2 variable value」になってしまっているので，変更しておきましょう。データフレーム内の変数名を変更するにはnames( )を用います。

```
names(task4)<-c("number2","condition","grade")
```

を実行し，あらためて「task4」の中身を見てみると，

```
> task4
   number2 condition grade
1        1     music     8
2        2     music     5
3        3     music     7
4        4     music     8
5        5     music     6
6        6     music     5
7        7     music     8
8        8     music     6
9        9     music     6
10      10     music     7
11       1  fragrance    7
12       2  fragrance    4
13       3  fragrance    6
14       4  fragrance    7
15       5  fragrance    4
16       6  fragrance    3
17       7  fragrance    7
18       8  fragrance    7
19       9  fragrance    4
20      10  fragrance    5
21       1        no     6
22       2        no     4
23       3        no     5
24       4        no     8
25       5        no     2
26       6        no     1
27       7        no     7
28       8        no     4
29       9        no     3
30      10        no     6
```

と変数名が変更されていることが分かります．ここまでくれば，あとは前節と同じように分散分析を実行できます．

6章 分散分析

```
summary(aov(task4$grade~task4$condition+task4$number2))
```

を実行すると，

> *F*値が13.96
> 自由度が(2,18)
> *p*値が0.000219

```
> summary(aov(task4$grade~task4$condition+task4$number2))
                Df Sum Sq Mean Sq F value    Pr(>F)
task4$condition  2  20.27  10.133   13.96  0.000219 ***
task4$number2    9  66.13   7.348   10.12 2.09e-05 ***
Residuals       18  13.07   0.726
---
Signif. codes:  0 '***' 0.001 '**' 0.01 '*' 0.05 '.' 0.1 ' ' 1
```

となり，テューキーのHSD法による多重比較については，

```
TukeyHSD(aov(task4$grade~task4$condition+task4$number2))
```

を実行します。結果は，

```
> TukeyHSD(aov(task4$grade~task4$condition+task4$number2))
  Tukey multiple comparisons of means
    95% family-wise confidence level

Fit: aov(formula = task4$grade ~ task4$condition + task4$number2)

$`task4$condition`
                 diff       lwr        upr     p adj
fragrance-music  -1.2 -2.172455 -0.2275448 0.0145859
no-music         -2.0 -2.972455 -1.0275448 0.0001535
no-fragrance     -0.8 -1.772455  0.1724552 0.1180524


$`task4$number2`
         diff        lwr        upr     p adj
2-1 -2.6666667 -5.1608992 -0.1724341 0.0306601
3-1 -1.0000000 -3.4942325  1.4942325 0.8992540
4-1  0.6666667 -1.8275659  3.1608992 0.9913656
```

5-1	-3.0000000	-5.4942325	-0.5057675	0.0116058
6-1	-4.0000000	-6.4942325	-1.5057675	0.0006122
7-1	0.3333333	-2.1608992	2.8275659	0.9999612
8-1	-1.3333333	-3.8275659	1.1608992	0.6594904
9-1	-2.6666667	-5.1608992	-0.1724341	0.0306601
10-1	-1.0000000	-3.4942325	1.4942325	0.8992540
3-2	1.6666667	-0.8275659	4.1608992	0.3817578
4-2	3.3333333	0.8391008	5.8275659	0.0043289
5-2	-0.3333333	-2.8275659	2.1608992	0.9999612
6-2	-1.3333333	-3.8275659	1.1608992	0.6594904
7-2	3.0000000	0.5057675	5.4942325	0.0116058
8-2	1.3333333	-1.1608992	3.8275659	0.6594904
9-2	0.0000000	-2.4942325	2.4942325	1.0000000
10-2	1.6666667	-0.8275659	4.1608992	0.3817578
4-3	1.6666667	-0.8275659	4.1608992	0.3817578
5-3	-2.0000000	-4.4942325	0.4942325	0.1835021
6-3	-3.0000000	-5.4942325	-0.5057675	0.0116058
7-3	1.3333333	-1.1608992	3.8275659	0.6594904
8-3	-0.3333333	-2.8275659	2.1608992	0.9999612
9-3	-1.6666667	-4.1608992	0.8275659	0.3817578
10-3	0.0000000	-2.4942325	2.4942325	1.0000000
5-4	-3.6666667	-6.1608992	-1.1724341	0.0016176
6-4	-4.6666667	-7.1608992	-2.1724341	0.0000934
7-4	-0.3333333	-2.8275659	2.1608992	0.9999612
8-4	-2.0000000	-4.4942325	0.4942325	0.1835021
9-4	-3.3333333	-5.8275659	-0.8391008	0.0043289
10-4	-1.6666667	-4.1608992	0.8275659	0.3817578
6-5	-1.0000000	-3.4942325	1.4942325	0.8992540
7-5	3.3333333	0.8391008	5.8275659	0.0043289
8-5	1.6666667	-0.8275659	4.1608992	0.3817578
9-5	0.3333333	-2.1608992	2.8275659	0.9999612
10-5	2.0000000	-0.4942325	4.4942325	0.1835021
7-6	4.3333333	1.8391008	6.8275659	0.0002363
8-6	2.6666667	0.1724341	5.1608992	0.0306601
9-6	1.3333333	-1.1608992	3.8275659	0.6594904
10-6	3.0000000	0.5057675	5.4942325	0.0116058
8-7	-1.6666667	-4.1608992	0.8275659	0.3817578
9-7	-3.0000000	-5.4942325	-0.5057675	0.0116058
10-7	-1.3333333	-3.8275659	1.1608992	0.6594904
9-8	-1.3333333	-3.8275659	1.1608992	0.6594904
10-8	0.3333333	-2.1608992	2.8275659	0.9999612

```
10-9  1.6666667 -0.8275659  4.1608992 0.3817578
```

となります。110ページと同じ結果であることが分かります。

本節の最後に，参考までに，cast( )を使ってデータを元の形に並べ替えてみましょう。まず，元の通り，変数名を「variable」「value」に戻しておきます。

```
names(task4)<-c("number2","variable","value")
```

を実行後，「task4」の中身を見ると，

```
> task4
   number2 variable value
1        1    music     8
2        2    music     5
3        3    music     7
4        4    music     8
5        5    music     6
6        6    music     5
7        7    music     8
8        8    music     6
9        9    music     6
10      10    music     7
11       1 fragrance     7
12       2 fragrance     4
13       3 fragrance     6
14       4 fragrance     7
15       5 fragrance     4
16       6 fragrance     3
17       7 fragrance     7
18       8 fragrance     7
19       9 fragrance     4
20      10 fragrance     5
21       1       no     6
22       2       no     4
23       3       no     5
24       4       no     8
```

```
25      5       no      2
26      6       no      1
27      7       no      7
28      8       no      4
29      9       no      3
30      10      no      6
```

と変数名が「variable」「value」になりました。ここで下記のようにcast( )を使って,「task5」を作ります。

```
task5<-cast(task4)
```

上記を実行後,「task5」の中身を見ると,

```
> task5
   number2 music fragrance no
1        1     8         7  6
2        2     5         4  4
3        3     7         6  5
4        4     8         7  8
5        5     6         4  2
6        6     5         3  1
7        7     8         7  7
8        8     6         7  4
9        9     6         4  3
10      10     7         5  6
```

となり,先の「task3」の状態に戻ったことが分かります。

6-5 2要因分散分析（2要因とも対応なし）

本節で取り上げるデータ例は下記です。「所属クラブ」(テニス部,サッカー部,野球部),「性別」によって「睡眠時間」(time) が異なるか,**2要因分散分析（2要因とも対応なし）**を行ってみましょう。

number	club	sex	time
1	tennis	f	8
2	tennis	f	6
3	soccer	m	6
4	soccer	m	6
5	soccer	m	5
6	baseball	m	5
7	baseball	m	6
8	soccer	f	7
9	baseball	f	7
10	tennis	f	5
11	baseball	f	7
12	soccer	f	6
13	tennis	f	8
14	baseball	m	6
15	baseball	m	5
16	soccer	m	6
17	tennis	m	7
18	soccer	f	5
19	tennis	m	7
20	tennis	m	6
21	baseball	f	7
22	tennis	m	7
23	tennis	m	7
24	tennis	f	6
25	baseball	f	7
26	baseball	m	5
27	baseball	f	7
28	soccer	f	5
29	soccer	m	7
30	soccer	f	6

　上記をanova3a.csvという名前でドキュメント（C:/Users/murai/Documents）に保存したとします。このデータを読み込んでみましょう。

```
sleep2<-read.csv("C:/Users/murai/Documents/anova3a.csv")
```

ですね。
　まず，「所属クラブ」と「性別」を組み合わせ，例えば「テニス部の女性の平均値」といったような条件ごとの平均値（これを**セル平均**と言います）を

求めてみましょう。これまで同様，下記のようにtapply( )を用いますが，その際，list( )も使います。list( )は，さまざまなオブジェクトをまとめる機能があり，この場合は，「所属クラブ」と「性別」をまとめることで，「野球部の女性」「野球部の男性」……といった各群が構成され，群別に結果が出てきます。

```
tapply(sleep2$time,list(sleep2$club,sleep2$sex),mean)
```

を実行すると，

```
> tapply(sleep2$time,list(sleep2$club,sleep2$sex),mean)
           f   m
baseball 7.0 5.4
soccer   5.8 6.0
tennis   6.6 6.8
```

と出力されます。同じように標準偏差も求めてみましょう。

```
tapply(sleep2$time,list(sleep2$club,sleep2$sex),sd)
```

を実行すると，

```
> tapply(sleep2$time,list(sleep2$club,sleep2$sex),sd)
                f        m
baseball 0.000000 0.5477226
soccer   0.836660 0.7071068
tennis   1.341641 0.4472136
```

と出力されます。以上と同様のことは，

```
tapply(sleep2$time,sleep2$club:sleep2$sex,mean)
tapply(sleep2$time,sleep2$club:sleep2$sex,sd)
```

のように，list( )を使わず「所属クラブ」と「性別」をコロン（:）でつないでもできます。上記を実行すると，

```
> tapply(sleep2$time,sleep2$club:sleep2$sex,mean)
baseball:f baseball:m   soccer:f   soccer:m   tennis:f   tennis:m
      7.0        5.4        5.8        6.0        6.6        6.8
> tapply(sleep2$time,sleep2$club:sleep2$sex,sd)
baseball:f baseball:m   soccer:f   soccer:m   tennis:f   tennis:m
 0.0000000  0.5477226  0.8366600  0.7071068  1.3416408  0.4472136
```

と，先と同じ結果が得られますが，出力はlist( )を用いた場合の方が見やすいと思いますので，以下ではlist( )を用いることにします。

次にプロット図を描いてみます。そのためにinteraction.plot( )を使います。まずは，「所属クラブ」を横軸にして描いてみましょう。下記のように括弧内の1番目に書いた変数が横軸に，3番目に書いた変数が縦軸になります。

```
interaction.plot(sleep2$club,sleep2$sex,sleep2$time)
```

を実行すると，

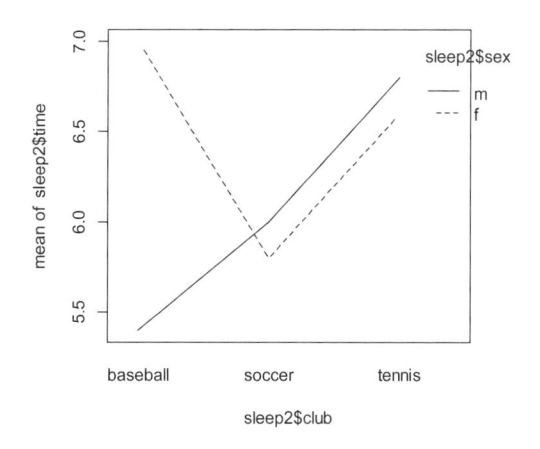

と出力されます。これを閉じましょう。

```
dev.off()
```

でしたね。続いて，同様に，「性別」を横軸にしたプロット図を描いてみます。

```
interaction.plot(sleep2$sex,sleep2$club,sleep2$time)
```

を実行すると，

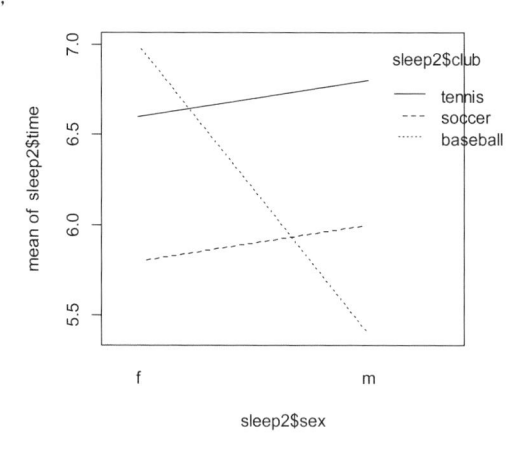

と出力されます。

```
dev.off()
```

で閉じます。以上より，先ほど算出したセル平均の様子を視覚的に把握できました[5]。

★5：以降の2要因分散分析では，プロット図への言及は省略します。

分散分析ですが，以下のように書き実行します。1要因の場合と同じように，~の左側に従属変数，右側に要因を書きます。「summary(aov(従属変数~要因1＊要因2))」ということです。「sleep2$club＊sleep2$sex」と，2つの要因を＊でつなぐことで，「所属クラブ」の**主効果**，「性別」の**主効果**，そして**交互作用**，

すべての検定が同時に実行されます。なお，「summary(aov(従属変数~要因1+要因2+要因1:要因2))」と書くこともできます。「:」は交互作用を意味します。

```
summary(aov(sleep2$time~sleep2$club*sleep2$sex))
```

これを実行すると，

```
> summary(aov(sleep2$time~sleep2$club*sleep2$sex))
                     Df  Sum Sq  Mean Sq  F value  Pr(>F)
sleep2$club           2   3.267   1.6333    2.800  0.0807 .
sleep2$sex            1   1.200   1.2000    2.057  0.1644
sleep2$club:sleep2$sex 2   5.400   2.7000    4.629  0.0199 *
Residuals            24  14.000   0.5833
---
Signif. codes:  0 '***' 0.001 '**' 0.01 '*' 0.05 '.' 0.1 ' ' 1
```

となります。「所属クラブ」の主効果のF値は2.800，自由度は(2,24)，p値は0.0807なので有意でない，「性別」の主効果のF値は2.057，自由度は(1,24)，p値は0.1644なので有意でない，交互作用のF値は4.629，自由度は(2,24)，p値は0.0199なので有意であることが分かります。

交互作用が有意だったので，**単純主効果**の検定を行います。まず女性について，「所属クラブ」による差を見てみましょう。そのためには，下記のようにします。「subset=(sleep2$sex=="f")」の部分で，女性のみのデータを指定しています。残りの部分は1要因分散分析の通りです。

```
summary(aov(sleep2$time~sleep2$club,subset=(sleep2$sex=="f")))
```

を実行すると，

```
> summary(aov(sleep2$time~sleep2$club,subset=(sleep2$sex=="f")))
            Df Sum Sq Mean Sq F value Pr(>F)
sleep2$club  2  3.733  1.8667    2.24  0.149
Residuals   12 10.000  0.8333
```

となり，F値は2.24，自由度は(2,12)，p値は0.149なので有意でないことが分かります．

さらに男性についても同様，

```
summary(aov(sleep2$time~sleep2$club,subset=(sleep2$sex=="m")))
```

を実行すると，

```
> summary(aov(sleep2$time~sleep2$club,subset=(sleep2$sex=="m")))
            Df Sum Sq Mean Sq F value  Pr(>F)
sleep2$club  2  4.933  2.4667     7.4 0.00806 **
Residuals   12  4.000  0.3333
---
Signif. codes:  0 '***' 0.001 '**' 0.01 '*' 0.05 '.' 0.1 ' ' 1
```

となり，F値は7.4，自由度は(2,12)，p値は0.00806なので有意であることが分かります．そこでテューキーのHSD法による多重比較を行います．

```
TukeyHSD(aov(sleep2$time~sleep2$club,subset=(sleep2$sex=="m")))
```

を実行すると，

```
> TukeyHSD(aov(sleep2$time~sleep2$club,subset=(sleep2$sex=="m")))
  Tukey multiple comparisons of means
    95% family-wise confidence level

Fit: aov(formula = sleep2$time ~ sleep2$club, subset = (sleep2$sex
== "m"))
```

```
$`sleep2$club`
                  diff       lwr      upr     p adj
soccer-baseball   0.6 -0.3741661 1.574166 0.2661799
tennis-baseball   1.4  0.4258339 2.374166 0.0062183
tennis-soccer     0.8 -0.1741661 1.774166 0.1132686
```

となり，男性では，「テニス部」と「野球部」の差（p値は0.0062183）が有意であることが分かります[6]。

> [6]：以上の単純主効果の検定方法では**水準別誤差項**を用いていますが（以下同様），別の方法（**共通のプールされた誤差項**を用いる方法）もあります。これらの点については山田・村井・杉澤（2015）を，概念的な説明については繁桝・大森・橋本（2008）を参照してください。

今度は，単純主効果の検定として，「所属クラブ」ごとに男女差を見てみましょう。まず「野球部」のみを取り出し，男女差について見てみます。

```
summary(aov(sleep2$time~sleep2$sex,subset=(sleep2$club=="baseball")))
```

を実行すると，

```
> summary(aov(sleep2$time~sleep2$sex,subset=(sleep2$club=="baseball")))
            Df Sum Sq Mean Sq F value   Pr(>F)
sleep2$sex   1    6.4    6.40   42.67 0.000182 ***
Residuals    8    1.2    0.15
---
Signif. codes:  0 '***' 0.001 '**' 0.01 '*' 0.05 '.' 0.1 ' ' 1
```

となり，F値は42.67，自由度は(1,8)，p値は0.000182なので有意であることが分かります。

次に，「サッカー部」のみを取り出し，男女差について見てみます。

```
summary(aov(sleep2$time~sleep2$sex,subset=(sleep2$club=="soccer")))
```

を実行すると,

```
> summary(aov(sleep2$time~sleep2$sex,subset=(sleep2$club=="soccer")))
            Df Sum Sq Mean Sq F value Pr(>F)
sleep2$sex   1    0.1     0.1   0.167  0.694
Residuals    8    4.8     0.6
```

となり,F値は0.167,自由度は(1,8),p値は0.694なので有意でないことが分かります。

最後に,「テニス部」のみを取り出し,男女差について見てみます。

```
summary(aov(sleep2$time~sleep2$sex,subset=(sleep2$club=="tennis")))
```

を実行すると,

```
> summary(aov(sleep2$time~sleep2$sex,subset=(sleep2$club=="tennis")))
            Df Sum Sq Mean Sq F value Pr(>F)
sleep2$sex   1    0.1     0.1     0.1   0.76
Residuals    8    8.0     1.0
```

となり,F値は0.1,自由度は(1,8),p値は0.76なので有意でないことが分かります。

6-6 2要因分散分析（2要因とも対応あり）

本節で取り上げるデータ例は下記です。「ビールの種類」（beerA, beerB, beerC），「飲む場所」（屋内（in）か屋外（out）か）によって「味」（taste）が異なるか，**2要因分散分析（2要因とも対応あり）**を行ってみましょう。1人の研究参加者は，3種類ともビールを飲み，またそのそれぞれについて屋内・屋外両方で飲み，味の評定をしたとします。つまり，2要因とも対応ありです。データの入力ですが，1人の研究参加者につき6行になっています。

number	drink	place	taste
1	beerA	in	5
1	beerA	out	6
1	beerB	in	6
1	beerB	out	6
1	beerC	in	7
1	beerC	out	6
2	beerA	in	4
2	beerA	out	5
2	beerB	in	6
2	beerB	out	4
2	beerC	in	3
2	beerC	out	5
3	beerA	in	7
3	beerA	out	6
3	beerB	in	3
3	beerB	out	3
3	beerC	in	2
3	beerC	out	4
4	beerA	in	5
4	beerA	out	6
4	beerB	in	4
4	beerB	out	3
4	beerC	in	3
4	beerC	out	5
5	beerA	in	7
5	beerA	out	6
5	beerB	in	5
5	beerB	out	5
5	beerC	in	3
5	beerC	out	4

　上記をanova4a.csvという名前でドキュメント（C:/Users/murai/Documents）に保存したとします。このデータを読み込んでみましょう。

```
beer1<-read.csv("C:/Users/murai/Documents/anova4a.csv")
```

ですね。
　まず，「ビールの種類」と「飲む場所」を組み合わせたセル平均を求めてみましょう。前節の通り，下記のようにします。

```
tapply(beer1$taste,list(beer1$drink,beer1$place),mean)
```

を実行すると，

```
> tapply(beer1$taste,list(beer1$drink,beer1$place),mean)
      in  out
beerA 5.6 5.8
beerB 4.8 4.2
beerC 3.6 4.8
```

となり，屋外で飲むbeerAが最も平均値が高いことが分かります。標準偏差についても同様に，

```
tapply(beer1$taste,list(beer1$drink,beer1$place),sd)
```

を実行すると，

```
> tapply(beer1$taste,list(beer1$drink,beer1$place),sd)
            in        out
beerA 1.341641 0.4472136
beerB 1.303840 1.3038405
beerC 1.949359 0.8366600
```

となります。

次に，ここでも1要因分散分析（対応あり）と同様，「number」を要因型に変換します。方法は同じで，

```
beer1$number2<-factor(beer1$number)
```

と，「number2」を作成します。「number」「number2」両方の型を確認すると，

```
> class(beer1$number)
[1] "integer"
> class(beer1$number2)
[1] "factor"
```

となり，「number2」が要因型になっていることが分かります。

2要因分散分析（2要因とも対応あり）ですが，下記のようにプログラムを書きます。

```
summary(aov(beer1$taste
       ~beer1$drink*beer1$place
       +Error(beer1$number2
       +beer1$number2:beer1$drink
       +beer1$number2:beer1$place
       +beer1$number2:beer1$drink:beer1$place)))
```

基本的な書き方はこれまでと同じで，~の左側に従属変数，右側に要因を書きます。複雑に見えるのは誤差項の指定（Errorの部分）ですが，よく見ると以下の4つを指定しています[7]。

[7]：以下の4行では，データフレーム名「beer1」は，煩雑さを避けるために省略しています。

```
number2
number2:drink
number2:place
number2:drink:place
```

「number2」が絡むものすべてを誤差項に指定します。例えば，ある研究参加者はどんな場所で飲んでもどんなビールを飲んでも味の評定値が高い，というような個人差を，誤差項として指定しているのです。なお，55ページのヒストグラムのところで説明したように，長いプログラム文を途中で改行することは問題ありません。上のように，適当なところで改行してください。

一般的な書き方は，

```
summary(aov(従属変数
        ~要因1*要因2
        +Error(個人差要因
        +個人差要因:要因1
        +個人差要因:要因2
        +個人差要因:要因1:要因2)))
```

ということになります。

出力結果は以下のようになります。一番左側に縦に並んでいる「+」は，プログラム中の足し算ではなく，「まだ続きがあります」ということです。

```
> summary(aov(beer1$taste
+       ~beer1$drink*beer1$place
+       +Error(beer1$number2
+       +beer1$number2:beer1$drink
+       +beer1$number2:beer1$place
+       +beer1$number2:beer1$drink:beer1$place)))

Error: beer1$number2 ←――――――――――――――― 読み飛ばして構わない
          Df Sum Sq Mean Sq F value Pr(>F)
Residuals  4  13.13   3.283

Error: beer1$number2:beer1$drink ←―――――― 「ビールの種類」の主効果
            Df Sum Sq Mean Sq F value Pr(>F)
beer1$drink  2  12.60   6.300   2.643  0.131
Residuals    8  19.07   2.383

Error: beer1$number2:beer1$place ←―――――― 「飲む場所」の主効果
            Df Sum Sq Mean Sq F value Pr(>F)
beer1$place  1 0.5333  0.5333   4.571 0.0993 .
Residuals    4 0.4667  0.1167
---
Signif. codes:  0 '***' 0.001 '**' 0.01 '*' 0.05 '.' 0.1 ' ' 1
```

```
Error: beer1$number2:beer1$drink:beer1$place      ← 交互作用
                         Df Sum Sq Mean Sq F value Pr(>F)
beer1$drink:beer1$place   2  4.067  2.0333   2.346  0.158
Residuals                 8  6.933  0.8667
```

結果ですが，最初の「Error: beer1$number2」の部分は通常は読み飛ばして構いません。「Error: beer1$number2:beer1$drink」の部分が「ビールの種類」の主効果で，F値が2.643，自由度が(2,8)，p値が0.131で有意ではありません。その下の「Error: beer1$number2:beer1$place」の部分が「飲む場所」の主効果で，F値が4.571，自由度が(1,4)，p値が0.0993で有意ではありません。交互作用は最後の「beer1$number2:beer1$drink:beer1$place」の部分で，$F$値が2.346，自由度が(2,8)，$p$値が0.158で，ここも有意ではありません。

6-7　2要因分散分析（2要因とも対応あり）～データの並べ替えを伴う場合

本節で取り上げるデータ例は下記です。前節と同じデータですが，データの入力形式が異なっています。1人の研究参加者につき1行になっています。このデータについて，2要因分散分析（2要因とも対応あり）を行ってみましょう。

number	beerAin	beerAout	beerBin	beerBout	beerCin	beerCout
1	5	6	6	6	7	6
2	4	5	6	4	3	5
3	7	6	3	3	2	4
4	5	6	4	3	3	5
5	7	6	5	5	3	4

上記をanova4b.csvという名前でドキュメント（C:/Users/murai/Documents）に保存したとします。このデータを読み込んでみましょう。

```
beer2<-read.csv("C:/Users/murai/Documents/anova4b.csv")
```

ですね。

このデータを，前節のデータのようにreshapeパッケージを用いて並べ替え

ることを考えます。つまり，1人の研究参加者につき6行にするのです。

まず「number」を要因型に変換しましょう。「number」は，下記のように，

```
> beer2$number
[1] 1 2 3 4 5
```

数値型ですので，

```
beer2$number2<-factor(beer2$number)
```

を実行すると，「number2」という要因型の変数ができるのでしたね。「number2」を確認すると，

```
> beer2$number2
[1] 1 2 3 4 5
Levels: 1 2 3 4 5
```

と，「Levels: 1 2 3 4 5」とあり，要因型であることが分かります。もちろんclass( )で確認しても構いません。

「number」はもう不要なので，それ以外の変数だけを残し，「beer3」というデータフレームを下記のように作成します。

```
beer3<-beer2[,c("number2","beerAin","beerAout","beerBin","beerBout"
,"beerCin","beerCout")]
```

「beer3」の中身は下記のようになっています。

```
> beer3
  number2 beerAin beerAout beerBin beerBout beerCin beerCout
1       1       5        6       6        6       7        6
2       2       4        5       6        4       3        5
3       3       7        6       3        3       2        4
```

136

4	4	5	6	4	3	3	5
5	5	7	6	5	5	3	4

「number」がなくなっていることが確認できました。

このデータフレーム「beer3」について，reshapeパッケージのmelt( )を用いて並べ替えます。パッケージを用いる場合には，まず，

```
library(reshape)
```

を実行するのでした[8]。

> [8]：R起動後，一度も「library(reshape)」をせずにmelt()を実行しようとすると，「エラー：関数 "melt" を見つけることができませんでした」と出てきてしまいます。

「library(reshape)」を実行後，

```
beer4<-melt(beer3,id="number2")
```

を実行します。「beer4」の中身は，

```
> beer4
   number2 variable value
1        1  beerAin     5
2        2  beerAin     4
3        3  beerAin     7
4        4  beerAin     5
5        5  beerAin     7
6        1 beerAout     6
7        2 beerAout     5
8        3 beerAout     6
9        4 beerAout     6
10       5 beerAout     6
11       1  beerBin     6
12       2  beerBin     6
13       3  beerBin     3
14       4  beerBin     4
15       5  beerBin     5
```

```
16      1 beerBout      6
17      2 beerBout      4
18      3 beerBout      3
19      4 beerBout      3
20      5 beerBout      5
21      1 beerCin       7
22      2 beerCin       3
23      3 beerCin       2
24      4 beerCin       3
25      5 beerCin       3
26      1 beerCout      6
27      2 beerCout      5
28      3 beerCout      4
29      4 beerCout      5
30      5 beerCout      4
```

と縦長になっており,このデータフレームを使えば,前節と同じように分析できます。分析の前に,「number2 variable value」という変数名を下記のようにして変更します。

```
names(beer4)<-c("number2","condition","taste")
```

を実行後,「beer4」の中身を見ると,

```
> beer4
   number2 condition taste
1        1   beerAin     5
2        2   beerAin     4
3        3   beerAin     7
4        4   beerAin     5
5        5   beerAin     7
6        1  beerAout     6
7        2  beerAout     5
8        3  beerAout     6
9        4  beerAout     6
10       5  beerAout     6
11       1   beerBin     6
12       2   beerBin     6
```

13	3	beerBin	3
14	4	beerBin	4
15	5	beerBin	5
16	1	beerBout	6
17	2	beerBout	4
18	3	beerBout	3
19	4	beerBout	3
20	5	beerBout	5
21	1	beerCin	7
22	2	beerCin	3
23	3	beerCin	2
24	4	beerCin	3
25	5	beerCin	3
26	1	beerCout	6
27	2	beerCout	5
28	3	beerCout	4
29	4	beerCout	5
30	5	beerCout	4

となります．ところが，この段階では，まだ前節と同じデータになっていません．「drink」と「place」という変数がないのです．そこでifelse( )を使って，この2つの変数を新たに作成することにします．

```
beer4$place<-ifelse((beer4$condition=="beerAin"
                   |beer4$condition=="beerBin"
                   |beer4$condition=="beerCin"),"in","out")
```

と書きますが，この意味について説明しましょう．まず，「|」の意味は「または」です[★9]．ifelse( )は**条件分岐**のための関数で，「ifelse(条件,条件に当てはまる場合,条件に当てはまらない場合)」という形式で書きます．この場合，上記のプログラム文を日本語で説明すると，"「condition」が" beerAin"あるいは" beerBin"あるいは" beerCin"の場合には，新たに作成する変数「place」に" in"を入れ，そうでない場合には" out"を入れてください"という意味になります．この場合，" in"と" out"という2種類に条件分岐するので比較的単純なプログラム文になっていますが，すぐ後に出てくる「drink」の方は3種類にな

139

るので，書き方が少し複雑になります．

★9：縦棒です．Shiftキーを押しながら「¥」キーを押すと表示されます．

上記を実行し，データフレーム「beer4」を見ると，

```
> beer4
   number2 condition taste place
1        1   beerAin     5    in
2        2   beerAin     4    in
3        3   beerAin     7    in
4        4   beerAin     5    in
5        5   beerAin     7    in
6        1  beerAout     6   out
7        2  beerAout     5   out
8        3  beerAout     6   out
9        4  beerAout     6   out
10       5  beerAout     6   out
11       1   beerBin     6    in
12       2   beerBin     6    in
13       3   beerBin     3    in
14       4   beerBin     4    in
15       5   beerBin     5    in
16       1  beerBout     6   out
17       2  beerBout     4   out
18       3  beerBout     3   out
19       4  beerBout     3   out
20       5  beerBout     5   out
21       1   beerCin     7    in
22       2   beerCin     3    in
23       3   beerCin     2    in
24       4   beerCin     3    in
25       5   beerCin     3    in
26       1  beerCout     6   out
27       2  beerCout     5   out
28       3  beerCout     4   out
29       4  beerCout     5   out
30       5  beerCout     4   out
```

のように「place」ができていることが分かります．

同じようにifelse( )を用いて「drink」を作ることを考えます。今度は3種類に条件分岐する必要があるので，ifelse( )の中にifelse( )を入れ込みます。

```
beer4$drink<-ifelse((beer4$condition=="beerAin"
            | beer4$condition=="beerAout"),"beerA",
         ifelse((beer4$condition=="beerBin"
            | beer4$condition=="beerBout"),"beerB","beerC"))
```

となります。ifelse(条件, 条件に当てはまる場合, 条件に当てはまらない場合)の，「条件に当てはまらない場合」のところにさらにifelse( )が入っていて，入れ子構造になっています。上記のプログラム文を日本語で説明すると，"「condition」が" beerAin"あるいは" beerAout"の場合には，新たに作成する変数「drink」に" beerA"を入れ，そうでない場合に，もし「condition」が" beerBin"あるいは" beerBout"の場合には，「drink」に" beerB"を入れ，そうでない場合には，「drink」に" beerC"を入れてください"という意味になります。このように，3つ以上の条件分岐は書き方が複雑になりますが，落ち着いて考えれば大丈夫です。

データフレーム「beer4」の中身を見てみると，

```
> beer4
   number2 condition taste place drink
1        1   beerAin     5    in beerA
2        2   beerAin     4    in beerA
3        3   beerAin     7    in beerA
4        4   beerAin     5    in beerA
5        5   beerAin     7    in beerA
6        1  beerAout     6   out beerA
7        2  beerAout     5   out beerA
8        3  beerAout     6   out beerA
9        4  beerAout     6   out beerA
10       5  beerAout     6   out beerA
11       1   beerBin     6    in beerB
12       2   beerBin     6    in beerB
13       3   beerBin     3    in beerB
14       4   beerBin     4    in beerB
15       5   beerBin     5    in beerB
16       1  beerBout     6   out beerB
```

```
17    2    beerBout    4    out  beerB
18    3    beerBout    3    out  beerB
19    4    beerBout    3    out  beerB
20    5    beerBout    5    out  beerB
21    1    beerCin     7    in   beerC
22    2    beerCin     3    in   beerC
23    3    beerCin     2    in   beerC
24    4    beerCin     3    in   beerC
25    5    beerCin     3    in   beerC
26    1    beerCout    6    out  beerC
27    2    beerCout    5    out  beerC
28    3    beerCout    4    out  beerC
29    4    beerCout    5    out  beerC
30    5    beerCout    4    out  beerC
```

と,「drink」ができていることが分かります。

ここでいつもの要因型への変換なのですが,「number2」についてはすでに先ほど変換を済ませました。「drink」「place」についてですが,下記のように,class( )を使うと,

```
> class(beer4$drink)
[1] "character"
> class(beer4$place)
[1] "character"
```

と,文字型であることが分かります。このままの状態でも分散分析は実行でき正しい結果が得られるのですが,警告メッセージ(文字型から要因型に自動的に変換されたというメッセージ)が出てしまいますので,要因型に変換しておきましょう。

まず「drink」ですが,要因型に変換した変数を「drink2」という名前でデータフレームに加えます。

```
beer4$drink2<-factor(beer4$drink)
```

です。これを実行後,「drink2」を見ると,

```
> beer4$drink2
 [1] beerA beerA beerA beerA beerA beerA beerA beerA beerA beerB
[12] beerB beerB beerB beerB beerB beerB beerB beerB beerC beerC
[23] beerC beerC beerC beerC beerC beerC beerC beerC
Levels: beerA beerB beerC
```

と要因型になりました。同様に「place」についても要因型に変換した変数を「place2」という名前でデータフレームに加えます。

```
beer4$place2<-factor(beer4$place)
```

です。これを実行後,「place2」を見ると,

```
> beer4$place2
 [1] in  in  in  in  in  out out out out out in  in  in  in  in  out out
[18] out out out in  in  in  in  in  out out out out out
Levels: in out
```

と,要因型になったことが分かります。

次に,必要な変数のみを残し,データフレーム「beer5」を作成しましょう。

```
beer5<-beer4[,c("number2","drink2","place2","taste")]
```

ですね。「beer5」の中身は,

```
> beer5
  number2 drink2 place2 taste
1       1  beerA     in     5
2       2  beerA     in     4
3       3  beerA     in     7
4       4  beerA     in     5
5       5  beerA     in     7
6       1  beerA    out     6
```

7	2	beerA	out	5
8	3	beerA	out	6
9	4	beerA	out	6
10	5	beerA	out	6
11	1	beerB	in	6
12	2	beerB	in	6
13	3	beerB	in	3
14	4	beerB	in	4
15	5	beerB	in	5
16	1	beerB	out	6
17	2	beerB	out	4
18	3	beerB	out	3
19	4	beerB	out	3
20	5	beerB	out	5
21	1	beerC	in	7
22	2	beerC	in	3
23	3	beerC	in	2
24	4	beerC	in	3
25	5	beerC	in	3
26	1	beerC	out	6
27	2	beerC	out	5
28	3	beerC	out	4
29	4	beerC	out	5
30	5	beerC	out	4

となっており，これで前節と同じように，2要因分散分析（2要因とも対応あり）が実行できます．

```
summary(aov(beer5$taste
        ~beer5$drink2*beer5$place2
        +Error(beer5$number2
        +beer5$number2:beer5$drink2
        +beer5$number2:beer5$place2
        +beer5$number2:beer5$drink2:beer5$place2)))
```

を実行すると，

```
Error: beer5$number2        ← 読み飛ばして構わない
        Df Sum Sq Mean Sq F value Pr(>F)
```

```
Residuals         4  13.13    3.283

Error: beer5$number2:beer5$drink2    ←  「ビールの種類」の主効果
                Df Sum Sq Mean Sq F value Pr(>F)
beer5$drink2     2  12.60   6.300   2.643  0.131
Residuals        8  19.07   2.383

Error: beer5$number2:beer5$place2    ←  「飲む場所」の主効果
                Df Sum Sq Mean Sq F value Pr(>F)
beer5$place2   1 0.5333  0.5333   4.571 0.0993 .
Residuals      4 0.4667  0.1167
---
Signif. codes:  0 '***' 0.001 '**' 0.01 '*' 0.05 '.' 0.1 ' ' 1

Error: beer5$number2:beer5$drink2:beer5$place2   ←  交互作用
                         Df Sum Sq Mean Sq F value Pr(>F)
beer5$drink2:beer5$place2  2  4.067  2.0333   2.346  0.158
Residuals                  8  6.933  0.8667
```

と前節と同じ結果が得られます。

6-8　2要因分散分析（混合計画）

　本節で取り上げるデータ例は下記です。「平日か休日か」「性別」によって「テレビ視聴時間」（time）が異なるか，**2要因分散分析（混合計画）** を行ってみましょう。1人の研究参加者につき，平日，休日の両方の値がありますので，「日」（day）の要因は対応あり，「性別」については対応なしです。すなわち混合計画です。データの入力ですが，1人の研究参加者につき2行になっています。

number	sex	day	time
1	f	weekday	2
1	f	holiday	6
2	m	weekday	1
2	m	holiday	3
3	m	weekday	3
3	m	holiday	3
4	f	weekday	3

4	f	holiday	4
5	f	weekday	2
5	f	holiday	2
6	f	weekday	3
6	f	holiday	3
7	m	weekday	3
7	m	holiday	4
8	m	weekday	1
8	m	holiday	1
9	f	weekday	1
9	f	holiday	2
10	m	weekday	3
10	m	holiday	3

　上記をanova5a.csvという名前でドキュメント（C:/Users/murai/Documents）に保存したとします。このデータを読み込んでみましょう。

```
TV1<-read.csv("C:/Users/murai/Documents/anova5a.csv")
```

ですね。
　まず，「日」と「性別」を組み合わせたセル平均を求めてみましょう。

```
tapply(TV1$time,list(TV1$day,TV1$sex),mean)
```

を実行すると，

```
> tapply(TV1$time,list(TV1$day,TV1$sex),mean)
          f   m
holiday 3.4 2.8
weekday 2.2 2.2
```

となり，女性の休日で最も平均値が高いことが分かります。標準偏差についても同様に，

```
tapply(TV1$time,list(TV1$day,TV1$sex),sd)
```

を実行すると，

```
> tapply(TV1$time,list(TV1$day,TV1$sex),sd)
                f        m
holiday   1.67332  1.095445
weekday   0.83666  1.095445
```

となります。

次に，ここでもこれまでと同様，「number」を要因型に変換します。

```
TV1$number2<-factor(TV1$number)
```

を実行すると，

```
> TV1$number2
 [1] 1  1  2  2  3  3  4  4  5  5  6  6  7  7  8  8  9  9  10 10
Levels: 1 2 3 4 5 6 7 8 9 10
```

で確認できるように，要因型になりました。

プログラムですが，

```
summary(aov(TV1$time
         ~TV1$day*TV1$sex
         +Error(TV1$number2:TV1$sex
         +TV1$number2:TV1$day:TV1$sex)))
```

と書きます。基本的な書き方はこれまでと同じです（~の左側に従属変数，右側に要因）。誤差項の指定（Errorの部分）ですが，よく見ると以下の2つを指定しています[★10]。いずれも「number2」が絡んでいますが，たまたまある人たちが男性の研究参加者，また女性の研究参加者として選ばれたという誤差があり，さらにまた，ある研究参加者は，当然男女いずれかの性別であり，その各々の性別内で「平日も休日もテレビを一貫してよく見る」というように個人差が生じますので，これらを誤差項に指定しています。

★10：以下の2行では，データフレーム名「TV1」は省略しています。

```
number2:sex
number2:day:sex
```

一般的な書き方は，

```
summary(aov(従属変数
        ~対応ありの要因*対応なしの要因
        +Error(個人差要因:対応なしの要因
        +個人差要因:対応ありの要因:対応なしの要因)))
```

ということになります。

結果は下記のようになります。

```
> summary(aov(TV1$time
+        ~TV1$day*TV1$sex
+        +Error(TV1$number2:TV1$sex
+        +TV1$number2:TV1$day:TV1$sex)))

Error: TV1$number2:TV1$sex           ←──────── 「性別」の主効果
            Df Sum Sq Mean Sq F value Pr(>F)
TV1$sex      1   0.45   0.450   0.217  0.654
Residuals    8  16.60   2.075

Error: TV1$number2:TV1$sex:TV1$day
               Df Sum Sq Mean Sq F value Pr(>F)
TV1$day         1   4.05   4.050   4.629 0.0636 . ←── 「日」の主効果
TV1$day:TV1$sex 1   0.45   0.450   0.514 0.4937 ←──── 交互作用
Residuals       8   7.00   0.875
---
Signif. codes:  0 '***' 0.001 '**' 0.01 '*' 0.05 '.' 0.1 ' ' 1
 警告メッセージ：
In aov(TV1$time ~ TV1$day * TV1$sex + Error(TV1$number2:TV1$sex +  :
  Error() model is singular
```

「Error: TV1\$number2:TV1\$sex」の部分が「性別」の主効果で，F値

148

が0.217，自由度が(1, 8)，p値が0.654で有意ではありません。次の「Error: TV1\$number2:TV1\$sex:TV1\$day」の中の「TV1\$day」の部分が「日」の主効果で，F値が4.629，自由度が(1, 8)，p値が0.0636で有意ではありません。交互作用は同じ箇所の「TV1\$day:TV1\$sex」の部分で，F値が0.514，自由度が(1, 8)，p値が0.4937で，ここも有意ではありません。

なお，上記の出力では警告メッセージがありますが，正しい分析が実行されています。

6-9 2要因分散分析（混合計画）〜データの並べ替えを伴う場合

本節で取り上げるデータ例は下記です。前節と同じデータですが，データの入力形式が異なっています。1人の研究参加者につき1行になっています。このデータについて，2要因分散分析（混合計画）を行ってみましょう。

number	sex	weekday	holiday
1	f	2	6
2	m	1	3
3	m	3	3
4	f	3	4
5	f	2	2
6	f	3	3
7	m	3	4
8	m	1	1
9	f	1	2
10	m	3	3

上記をanova5b.csvという名前でドキュメント（C:/Users/murai/Documents）に保存したとします。このデータを読み込んでみましょう。

```
TV2<-read.csv("C:/Users/murai/Documents/anova5b.csv")
```

ですね。

このデータを，これまで同様reshapeパッケージを用いて並べ替えることを考えます。つまり，1人の研究参加者につき2行に並べ替えるのです。

まず，いつものように「number」を要因型に変換しましょう。「number」が数値型であることを確認し，要因型に変換した「number2」を作成し，「number2」が要因型であることを確認するには，下記でしたね。

```
TV2$number
TV2$number2<-factor(TV2$number)
TV2$number2
```

実行すると，

```
> TV2$number
 [1]  1  2  3  4  5  6  7  8  9 10
> TV2$number2<-factor(TV2$number)
> TV2$number2
 [1] 1  2  3  4  5  6  7  8  9  10
Levels: 1 2 3 4 5 6 7 8 9 10
```

となります。

次に，必要な変数だけ残し，新たなデータフレーム「TV3」を作成します。

```
TV3<-TV2[,c("number2","sex","weekday","holiday")]
```

上記を実行後，「TV3」の中身を見ると，

```
> TV3
   number2 sex weekday holiday
1        1   f       2       6
2        2   m       1       3
3        3   m       3       3
4        4   f       3       4
5        5   f       2       2
6        6   f       3       3
7        7   m       3       4
8        8   m       1       1
9        9   f       1       2
10      10   m       3       3
```

となります。

reshapeパッケージを使います。まず,

```
library(reshape)
```

を実行し,下記のようにmelt()を使います。

```
TV4<-melt(TV3,id=c("number2","sex"))
```

上記で作成されたデータフレーム「TV4」の中身を見ると,

```
> TV4
   number2 sex variable value
1        1   f  weekday     2
2        2   m  weekday     1
3        3   m  weekday     3
4        4   f  weekday     3
5        5   f  weekday     2
6        6   f  weekday     3
7        7   m  weekday     3
8        8   m  weekday     1
9        9   f  weekday     1
10      10   m  weekday     3
11       1   f  holiday     6
12       2   m  holiday     3
13       3   m  holiday     3
14       4   f  holiday     4
15       5   f  holiday     2
16       6   f  holiday     3
17       7   m  holiday     4
18       8   m  holiday     1
19       9   f  holiday     2
20      10   m  holiday     3
```

となっています。これまで同様,変数名を変更しましょう。

```
names(TV4)<-c("number2","sex","day","time")
```

を実行後，再び「TV4」を見てみると，

```
> TV4
   number2 sex     day time
1        1   f weekday    2
2        2   m weekday    1
3        3   m weekday    3
4        4   f weekday    3
5        5   f weekday    2
6        6   f weekday    3
7        7   m weekday    3
8        8   m weekday    1
9        9   f weekday    1
10      10   m weekday    3
11       1   f holiday    6
12       2   m holiday    3
13       3   m holiday    3
14       4   f holiday    4
15       5   f holiday    2
16       6   f holiday    3
17       7   m holiday    4
18       8   m holiday    1
19       9   f holiday    2
20      10   m holiday    3
```

となりましたので，これで前節と同じように2要因分散分析（混合計画）が実行できます．

```
summary(aov(TV4$time
       ~TV4$day*TV4$sex
       +Error(TV4$number2:TV4$sex
       +TV4$number2:TV4$day:TV4$sex)))
```

です。実行すると，

```
> summary(aov(TV4$time
+         ~TV4$day*TV4$sex
+         +Error(TV4$number2:TV4$sex
+         +TV4$number2:TV4$day:TV4$sex)))

Error: TV4$number2:TV4$sex          ←    「性別」の主効果
          Df Sum Sq Mean Sq F value Pr(>F)
TV4$sex    1   0.45   0.450   0.217  0.654
Residuals  8  16.60   2.075

Error: TV4$number2:TV4$sex:TV4$day
              Df Sum Sq Mean Sq F value Pr(>F)
TV4$day        1   4.05   4.050   4.629 0.0636 .  ←  「日」の主効果
TV4$day:TV4$sex 1   0.45   0.450   0.514 0.4937  ←  交互作用
Residuals      8   7.00   0.875
---
Signif. codes:  0 '***' 0.001 '**' 0.01 '*' 0.05 '.' 0.1 ' ' 1
警告メッセージ:
In aov(TV4$time ~ TV4$day * TV4$sex + Error(TV4$number2:TV4$sex +  :
  Error() model is singular
```

と，前節と同じ結果が得られます。

6-10 アンバランスデザインの分散分析

　上記の 2 要因分散分析で取り上げてきたデータ例は，いずれも各条件のデータ数が同じでした。このように各条件のデータ数が同じ場合を**バランスデザイン**と言います。一方で，実際の研究では，むしろバランスデザインでないことの方が多いでしょう。各条件のデータ数が異なる場合を**アンバランスデザイン**と言います。

　分散分析では**平方和**が計算されますが（R の出力で「Sum Sq」と表示されている値），平方和にはいくつかの種類があります。aov( ) における平方和の計算では，タイプ 1 の平方和が用いられます。このタイプ 1 の平方和は，2 要因以上の分散分析で，アンバランスデザインのデータに対して実行するのは適切

ではないと言われています。この場合，タイプ1の平方和ではなく，タイプ2あるいはタイプ3の平方和を用いることがより適切です。**平方和の種類**についてやさしく書かれている本はないのですが，ここでは繁桝・柳井・森（1999）を挙げておきます。

本節では，2要因分散分析（2要因とも対応なし）の節で使用したデータ（anova3a.csv）から，下記のように2番目の女性のデータを除いたアンバランスデザインデータを取り上げます。このデータについて，先と同様，「所属クラブ」（テニス部，サッカー部，野球部），「性別」によって「睡眠時間」（time）が異なるか，2要因分散分析（2要因とも対応なし）を行ってみましょう。

number	club	sex	time
1	tennis	f	8
3	soccer	m	6
4	soccer	m	6
5	soccer	m	5
6	baseball	m	5
7	baseball	m	6
8	soccer	f	7
9	baseball	f	7
10	tennis	f	5
11	baseball	f	7
12	soccer	f	6
13	tennis	f	8
14	baseball	m	6
15	baseball	m	5
16	soccer	m	6
17	tennis	m	7
18	soccer	f	5
19	tennis	m	7
20	tennis	m	6
21	baseball	f	7
22	tennis	m	7
23	tennis	m	7
24	tennis	f	6
25	baseball	f	7
26	baseball	m	5
27	baseball	f	7
28	soccer	f	5
29	soccer	m	7
30	soccer	f	6

上記をanova3b.csvという名前でドキュメント（C:/Users/murai/Documents）に保存したとします。このデータを読み込んでみましょう。

```
sleep3<-read.csv("C:/Users/murai/Documents/anova3b.csv")
```

ですね。

まず，「所属クラブ」と「性別」を組み合わせたセル平均を求めてみましょう。

```
tapply(sleep3$time,list(sleep3$club,sleep3$sex),mean)
```

を実行すると，

```
> tapply(sleep3$time,list(sleep3$club,sleep3$sex),mean)
            f   m
baseball 7.00 5.4
soccer   5.80 6.0
tennis   6.75 6.8
```

という結果が得られます。標準偏差についても同様に，

```
tapply(sleep3$time,list(sleep3$club,sleep3$sex),sd)
```

を実行すると，

```
> tapply(sleep3$time,list(sleep3$club,sleep3$sex),sd)
               f         m
baseball 0.00000 0.5477226
soccer   0.83666 0.7071068
tennis   1.50000 0.4472136
```

となります。

ここで，これまでと同様の方法で試しに分散分析を行ってみます（必ずしも正しい方法ではありません）。

```
summary(aov(sleep3$time~sleep3$club*sleep3$sex))
```

を実行すると，

```
> summary(aov(sleep3$time~sleep3$club*sleep3$sex))
                     Df Sum Sq Mean Sq F value Pr(>F)
sleep3$club           2  3.738  1.8688   3.172 0.0607 .
sleep3$sex            1  1.590  1.5902   2.699 0.1140
sleep3$club:sleep3$sex 2  4.915  2.4577   4.172 0.0285 *
Residuals            23 13.550  0.5891
---
Signif. codes:  0 '***' 0.001 '**' 0.01 '*' 0.05 '.' 0.1 ' ' 1
```

となります。一方，2つの要因の順序を変えて，つまり，「所属クラブ」と「性別」の順序を変えてプログラムを書いてみます。何が起こるでしょうか。

```
summary(aov(sleep3$time~sleep3$sex*sleep3$club))
```

「性別」を最初に投入してみる

と書いて実行すると，

```
> summary(aov(sleep3$time~sleep3$sex*sleep3$club))
                     Df Sum Sq Mean Sq F value Pr(>F)
sleep3$sex            1  1.360  1.3598   2.308 0.1423
sleep3$club           2  3.968  1.9840   3.368 0.0521 .
sleep3$sex:sleep3$club 2  4.915  2.4577   4.172 0.0285 *
Residuals            23 13.550  0.5891
---
Signif. codes:  0 '***' 0.001 '**' 0.01 '*' 0.05 '.' 0.1 ' ' 1
```

となります。

2つの結果を比較すると，交互作用のF値，p値は両方とも同じですが（順に4.172，0.0285），主効果の結果が異なります。これが**タイプ1の平方和**の特徴です。要因の投入順序によって結果が変わるのです。アンバランスデザイン

においては，要因間に優先順位がある場合など特別な状況を除いては，このタイプ1の平方和の使用は望ましくないでしょう。そこで，タイプ2あるいはタイプ3の平方和を用いることになります（本節ではタイプ2を用いることにします）。そのためには新規にcarパッケージをインストールする必要があります。reshapeパッケージと同じ方法（113ページ参照）でインストールしましょう。

```
install.packages("car")
```

でしたね。その後，

```
library(car)
```

で使用可能になるのでした。

2要因分散分析（2要因とも対応なし）ですが，下記のようにcarパッケージのAnova( )を使います。最初の「A」が大文字であることに注意してください。

```
Anova(aov(sleep3$time~sleep3$club*sleep3$sex))
```

を実行すると，タイプ2の平方和が算出されます。出力は，

```
> Anova(aov(sleep3$time~sleep3$club*sleep3$sex))
Anova Table (Type II tests)    ← タイプ2の平方和

Response: sleep3$time
                      Sum Sq Df F value  Pr(>F)
sleep3$club           3.9679  2  3.3676 0.05215 .
sleep3$sex            1.5902  1  2.6992 0.11400
sleep3$club:sleep3$sex 4.9154  2  4.1717 0.02846 *
Residuals            13.5500 23
---
Signif. codes:  0 '***' 0.001 '**' 0.01 '*' 0.05 '.' 0.1 ' ' 1
```

です。冒頭に「Type II tests」とありますが，これが**タイプ2の平方和**という

ことです．分散分析の結果の見方は先の説明とまったく同じになります．

それでは，2つの要因の順序を変えてみたらどうなるでしょうか．

```
Anova(aov(sleep3$time~sleep3$sex*sleep3$club))
```
                              ↑
                       「性別」を最初に投入してみる

上記を実行すると，

```
> Anova(aov(sleep3$time~sleep3$sex*sleep3$club))
Anova Table (Type II tests)

Response: sleep3$time
                      Sum Sq Df F value  Pr(>F)
sleep3$sex            1.5902  1  2.6992 0.11400
sleep3$club           3.9679  2  3.3676 0.05215 .
sleep3$sex:sleep3$club 4.9154 2  4.1717 0.02846 *
Residuals            13.5500 23
---
Signif. codes:  0 '***' 0.001 '**' 0.01 '*' 0.05 '.' 0.1 ' ' 1
```

となります．先ほどの結果と見比べてください．2つの主効果，交互作用，すべて一致していることが分かると思います．これがタイプ2の平方和の特徴です．

以上のように，2要因以上の分散分析においてアンバランスデザインの場合，carパッケージを用いるようにしてください．ただし，2要因とも対応なし以外の場合は，同様の方法ではうまく動きません（山田・村井・杉澤（2015）を参照）．

6-11 6章で学んだこと

6章では，主に以下のことを学びました．

- ・1要因分散分析（対応なし）
  →summary(aov(従属変数~要因))とします．テューキーの*HSD*法による多

重比較は，TukeyHSD(aov(従属変数~要因))とします。

・1要因分散分析（対応あり）
→summary(aov(従属変数~要因+個人差要因))とします。テューキーの*HSD*法による多重比較は，TukeyHSD(aov(従属変数~要因+個人差要因))とします。

・1要因分散分析（対応あり）~データの並べ替えを伴う場合
→reshapeパッケージのmelt( )を用いてデータを並べ替えた上で，上記を行います。

・2要因分散分析（2要因とも対応なし）
→summary(aov(従属変数~要因1＊要因2))とします。

・2要因分散分析（2要因とも対応あり）
→summary(aov(従属変数
　　　　　~要因1＊要因2
　　　　　+Error(個人差要因
　　　　　+個人差要因:要因1
　　　　　+個人差要因:要因2
　　　　　+個人差要因:要因1:要因2)))
とします。

・2要因分散分析（2要因とも対応あり）~データの並べ替えを伴う場合
→reshapeパッケージのmelt( )を用いてデータを並べ替えた上で，上記を行います。

・2要因分散分析（混合計画）
→summary(aov(従属変数
　　　　　~対応ありの要因＊対応なしの要因
　　　　　+Error(個人差要因:対応なしの要因
　　　　　+個人差要因:対応ありの要因:対応なしの要因)))

とします。

・2要因分散分析（混合計画）〜データの並べ替えを伴う場合
→reshapeパッケージのmelt( )を用いてデータを並べ替えた上で，上記を行います。

・アンバランスデザインの分散分析
→carパッケージのAnova( )を用いてAnova(aov(従属変数~要因1＊要因2))と書きます。

引用文献

青木繁伸 (2009). Rによる統計解析　オーム社
村井潤一郎・柏木惠子 (2008). ウォームアップ心理統計　東京大学出版会
繁桝算男・大森拓哉・橋本貴充 (2008). 心理統計学―データ解析の基礎を学ぶ　培風館
繁桝算男・柳井晴夫・森敏昭 (1999). Q&Aで知る統計データ解析［第2版］―DOs and DON'Ts　サイエンス社
山田剛史・村井潤一郎・杉澤武俊 (2015). Rによる心理データ解析　ナカニシヤ出版
山田剛史・杉澤武俊・村井潤一郎 (2008). Rによるやさしい統計学　オーム社

索引

【事項】

●あ
Rエディタ　42
R Console　15
アクティブ　43
アンバランスデザイン　153

●い
1要因分散分析（対応あり）　105
1要因分散分析（対応なし）　100
因子型　25

●う
ウェルチの検定　96

●え
F検定　94

●お
オブジェクト　17

●か
carパッケージ　157
カイ2乗検定　98
関数　21

●き
記述統計　46
基本統計量　64
共通のプールされた誤差項　129
共分散　71

●く
グラフィックスウィンドウ　51
クリップボード　39
クロス集計表　62

●け
欠損値（NA）　75
検定　93

●こ
交互作用　126
コード　9
コマンド　17
コメントアウト　57

●さ
作業ディレクトリ　34
作業フォルダー　34
散布図　58

●し
CSVファイル　32
質的変数　49
従属変数　103
主効果　126
条件分岐　139

●す
水準別誤差項　129
推測統計　93
数値型　24
数値要約　64
スクリプト　9

●せ
絶対パス　38
セル平均　123

●そ
相関係数　71
相関係数の検定　93
相対パス　38

層別相関　72

●た
対応のある場合の t 検定　96
対応のない場合の t 検定　94
タイプ1の平方和　156
タイプ2の平方和　157
多重比較　104
単純主効果　127

●ち
中央値　66

●て
データの型　24
データフレーム　49
テューキーのHSD法　104

●と
統計的検定　93
等分散性の検定　94
度数分布表　61

●に
2要因分散分析（混合計画）　145
2要因分散分析（2要因とも対応あり）　130
2要因分散分析（2要因とも対応なし）　122

●は
パス　35
パッケージ　113
バランスデザイン　153

●ひ
p値　93
ヒストグラム　50
標準偏差　65

●ふ
ファクター型　25
不偏共分散　71

不偏分散　65
プログラム　9
プロット図　125
プロンプト　17
分散分析　100

●へ
平均値　65
平方和　153
平方和の種類　154
ヘルプ　28
変数　17

●ほ
棒グラフ　62

●も
文字型　24

●ゆ
有意　94
有意水準　94

●よ
要因　103
要因型　25

●り
reshapeパッケージ　113
量的変数　49

●れ
連続性の補正　99

●わ
ワークスペース　34

163

【関数】

●A
Anova( )　157
aov( )　102, 103, 153

●B
barplot( )　62
by( )　68-70

●C
c( )　21, 32
cast( )　121, 122
chisq.test( )　98, 99
class( )　24, 25, 107, 109, 136, 142
cor.test( )　93, 94
cor( )　90, 93, 94

●F
factor( )　25, 26, 108

●G
getwd( )　34

●H
hist( )　50

●I
ifelse( )　139, 141
interaction.plot( )　125
is.na( )　78

●L
list( )　124, 125
ls( )　19

●M
mean( )　18, 19, 22, 28, 81, 90
melt( )　116, 137, 151

●N
na.omit( )　81, 83-85
names( )　117
nrow( )　87

●P
par( )　52
plot( )　58

●Q
q( )　27

●R
read.csv( )　36, 37, 39, 41, 85, 107
read.delim( )　41

●S
sd( )　22
setwd( )　37
sqrt( )　21
str( )　25
subset( )　73
summary( )　65, 67, 69, 79, 103, 104

●T
t.test( )　95, 96
table( )　61, 62
tapply( )　67, 70, 102, 124
TukeyHSD( )　104

●V
var.test( )　94, 104

※以上の関数は，本文（網掛け部分，各章末の「学んだこと」の部分を除く）で登場するもののみです。実際には，上記以外の関数も本書では用いられています。

おわりに

　統計学は重要な判断，決定に関わる学問です．重要な判断と言うと，何より生死が挙げられます．医学では，例えばある治療法の効果について判断する際には，統計学が用いられることがほとんどでしょう．薬の効果についても同様です．これらの場合，もし統計学の適用に問題があれば，それはそのまま人々の生死に関わってきます．その他にも，例えば乗り物や建物のある部品の強度について判断する場合でも，同様に統計学を用いるでしょう．このとき，間違って「強度は十分」と統計的に判断されたならば，多くの人命が失われることにつながります．筆者の専門領域は心理学ですが，心理学もまた生死を扱う学問であり，統計学が用いられることが多いです．このように，データを扱う学問分野の多くで，統計学は最終的な判断に用いられます．煎じ詰めて言えば，効果があるかないか，という最終判断です．

　一方で，学問によっては，統計学を用いない判断も多くなされます（もちろん，判断を伴わない学問もあります）．グラフを見て，経験をもとに視覚的に判断すること，データによらない研究において過去の文献を参照しながら判断することなど，非統計的判断が必要なケースは多いですし，それしかあり得ない局面もあります．つまり，何が何でも統計というわけではありません．また，統計学を用いる場合でも，そこには多くの非統計的判断があります．例えば，どのような分析手法を用いるか，どの程度のサンプルサイズにするか，さらに細かい例を出すならば，因子分析で因子数をどう決めるか，といったことが多々あります．サンプルサイズについては統計的に決定することもできますが，そうであっても，そこには分析者の主観的判断が入ります．これはサンプルサイズ決定に限ったことではありません．ともあれ，統計学はあくまで判断のための1つの手段です．統計学にだけ特権的地位があるわけではないのです．

　とは言え，統計学は重要です．その一方で，統計学は，どんな分野においても（とりわけ筆者のいる文科系ではそうなのですが），多くの人にとって脅威であると言って差し支えないと思います．中でもRとなりますと，基本的にはプログラムを書かないといけませんので，文科系の人にとってはさらなる高みになります．統計学という敷居に加えて，プログラミングという敷居もあり，

165

言わば二重苦です。さらに，どのようにデータを収集するかという点を加えれば三重苦と言えるかもしれません。統計学の適用の前に，そもそもいかにきちんとしたデータを収集するかという大問題はありますが，この点については本書の対象外です。得られたデータについていかに統計的に分析をするか，そのためのウォーミングアップとして本書は位置づけられます。統計解析に対する不安感ゆえ，思いの向かっている学問に入れないでいるとしたら，もったいないことです。そうした人に役立つ本に仕上がっているとよいのですが。

Rに関する書籍の数は，一昔前に比べますとうなぎ登りです。以前は，Rに関する本はすべてそろえようと，コレクター的発想を持っていたのですが，もはや無理になりました。Rの本にはいろいろなものがありますが，どうしても初学者には敷居の高いものが多いと感じていました。そんなとき，北大路書房の奥野浩之さんから執筆依頼を受けまして，こうして書き上げるに至りました。奥野さん，執筆の機会，そして出版に至るまでの多くの作業をどうもありがとうございました。また，同社の安井理紗さんには，R未経験の一読者として，Rを操作しつつ読み進めていただき，素朴かつ鋭いコメントをいただきました。ありがとうございます。最後に，岡山大学の山田剛史先生には，統計学の専門的立場から草稿に対して詳細なコメントをいただき，感謝しております。

筆者はこれまで統計に関わるテキストをいくつか書いてきました。以前，ある先生から，「テキストであるからには，著者の学習レポートとなってしまってはいけない」というコメントを頂戴し，以降，折に触れこの言葉を思い出します。たしかに，自分なりに調べ，それを書籍にまとめるという「学習レポート」的要素はいつも存在していますが，同時にこの本の専門性は何か，ということも意識しています。筆者の出身は教育心理学研究室ですが，いかにRについて教えるか，ということを考えながら，未だ見ぬ読者との対話，そしてRとの対話を通して仕上げました。細部に注意は払ったものの，何か誤解をして書いている部分もあるかもしれません。ご指摘いただければ幸いです。

本書を通して，統計解析を用いた研究の質が向上することを，大きな事を言えば社会がよりよくなることを願っています。

2013年6月　　村井　潤一郎

■著者紹介

村井　潤一郎（むらい　じゅんいちろう）
1994年　東京大学教育学部教育心理学科卒業
2001年　東京大学大学院教育学研究科総合教育科学専攻教育心理学コース
　　　　博士後期課程単位取得退学（2004年修了）
現　在　文京学院大学人間学部教授，博士（教育学）

著　書
（単著）発言内容の欺瞞性認知を規定する諸要因　北大路書房　2005年
（編著）Progress & Application 心理学研究法　サイエンス社　2012年
　　　　嘘の心理学　ナカニシヤ出版　2013年
　　　　心理学の視点―躍動する心の学問―　サイエンス社　2015年
（共著）よくわかる心理統計　ミネルヴァ書房　2004年
　　　　Rによるやさしい統計学　オーム社　2008年
　　　　ウォームアップ心理統計　東京大学出版会　2008年
　　　　Rによる心理データ解析　ナカニシヤ出版　2015年

はじめてのR
―ごく初歩の操作から統計解析の導入まで―

2013年9月30日　初版第1刷発行	定価はカバーに表示
2018年3月20日　初版第5刷発行	してあります。

　　　　著　者　　村　井　潤　一　郎
　　　　発行所　　㈱　北　大　路　書　房
　　　　　　　　　〒603-8303　京都市北区紫野十二坊町12-8
　　　　　　　　　　　　電　話　(075) 431-0361㈹
　　　　　　　　　　　　ＦＡＸ　(075) 431-9393
　　　　　　　　　　　　振　替　01050-4-2083

ⓒ2013　　製作／ラインアート日向　　印刷・製本／創栄図書印刷㈱
　　　　　検印省略　落丁・乱丁本はお取り替えいたします。
　　　　　ISBN978-4-7628-2820-1　Printed in Japan

本書の内容についての電話によるお問い合わせはご遠慮ください。質問
等がございましたら，書面にて弊社編集部までお送りくださいますよう
お願いいたします。

・JCOPY 〈㈳出版者著作権管理機構 委託出版物〉
本書の無断複写は著作権法上での例外を除き禁じられています。
複写される場合は，そのつど事前に，㈳出版者著作権管理機構
（電話 03-3513-6969,FAX 03-3513-6979,e-mail: info@jcopy.or.jp)
の許諾を得てください。